$G(x) = \int g(x)dx$ $g(x)$ の原始関数	$g(x) = G'(x)$ $G(x)$ の導関数
$f(x)^\alpha$	$\alpha f(x)^{\alpha-1} f'(x)$
$\log |f(x)|$	$\dfrac{f'(x)}{f(x)}$
$e^{f(x)}$	
$\sin f(x)$	
$\cos f(x)$	
$\tan f(x)$	$\cos^2 f(x)$ $f'(x)(1+\tan^2 f(x))$
$\dfrac{1}{a}\tan^{-1}\dfrac{x}{a}$ $\quad (a>0)$	$\dfrac{1}{x^2+a^2}$
$\dfrac{1}{2a}\log\left|\dfrac{x-a}{x+a}\right|$ $\quad (a \neq 0)$	$\dfrac{1}{x^2-a^2}$
$\sin^{-1}\dfrac{x}{a}$ $\quad (a>0)$	$\dfrac{1}{\sqrt{a^2-x^2}}$
$\dfrac{1}{2}\left\{x\sqrt{a^2-x^2}+a^2\sin^{-1}\dfrac{x}{a}\right\}$ $\quad (a>0)$	$\sqrt{a^2-x^2}$
$\log|x+\sqrt{x^2+A}|$	$\dfrac{1}{\sqrt{x^2+A}}$
$\dfrac{1}{2}\left\{x\sqrt{x^2+A}+A\log|x+\sqrt{x^2+A}|\right\}$	$\sqrt{x^2+A}$
$x\log x - x$	$\log x$

● **整級数展開** ●

$$f(x) = f(0) + f'(0)x + \frac{1}{2!}f''(0)x^2 + \cdots + \frac{1}{n!}f^{(n)}(0)x^n + \cdots$$

$$e^x = 1 + x + \frac{1}{2!}x^2 + \cdots + \frac{1}{n!}x^n + \cdots \qquad (-\infty < x < \infty)$$

$$\sin x = x - \frac{1}{3!}x^3 + \frac{1}{5!}x^5 - \cdots + (-1)^{m-1}\frac{x^{2m-1}}{(2m-1)!} + \cdots \qquad (-\infty < x < \infty)$$

$$\cos x = 1 - \frac{1}{2!}x^2 + \frac{1}{4!}x^4 - \cdots + (-1)^{m-1}\frac{x^{2m-2}}{(2m-2)!} + \cdots \qquad (-\infty < x < \infty)$$

$$\log(1+x) = x - \frac{x^2}{2} + \frac{x^3}{3} - \cdots + (-1)^{n-1}\frac{x^n}{n} + \cdots \qquad (-1 < x \leq 1)$$

$$(1+x)^\alpha = 1 + \alpha x + \frac{\alpha(\alpha-1)}{2!}x^2 + \cdots + \frac{\alpha(\alpha-1)\cdots(\alpha-n+1)}{n!}x^n + \cdots \qquad (-1 < x < 1)$$

ライブラリ基本例解テキスト＝3

基本例解テキスト
微分方程式

寺田文行・坂田 泩 共著

サイエンス社

サイエンス社のホームページのご案内
http://www.saiensu.co.jp
ご意見・ご要望は　rikei@saiensu.co.jp　まで.

まえがき

　本書は,「基本例解テキスト」の中で,特に「微分積分」に接続するものであります.

数学と他教科　私たちは3つのことを考えます.第1は物理学をはじめとする理学系の各分野のための基礎知識です.第2には,広く理系の各分野・応用技術の工学系の各分野の理論づくりの基礎の役割を担っています.基礎という意味は計算術ということではありません.どの分野にも理論というのがありますが,数学の理論づくりは他分野の理論づくりの手本になっています.第3には,金融工学における経済変動の解析などのように,広い分野において,いわば「基礎言語」としての役割を担っております.言語という意味は,これなくしては,情報の交換が出来ないということです.以上の3つ

　　　　　　　基礎知識の提供　　理論づくりの手本　　基礎言語

が大学における他教科と数学との関係でありましょう.注意したいのは必要になってからでは間に合わないということです.多くの分野で,大学初年級という大事な時期に,種々の数学学習を課するのは,これらをしっかり身につけてもらうためです.

本書の作成理念　初めから抽象的な理論だけを追っていく学習法では,使える学力にはなりません.本書は

　　　　　　「具体例を通して理論を学びとる」
　　　　　　「具体例を通して応用力が身につくようにする」

という方法をとっています.その具体例が「例題」と呼ばれるものです.著者らは,どんな具体例がこの方針にふさわしいかを,よく検討してきました.また,よく理解してもらわねばならないような基礎理論も,例題として織り込んでいます.これらを次ページに述べるような学習方法に従って,その効果を上げてください.

まえがき

本書の内容　予備知識は，ふつうの微分積分の教科書の内容で足りますが，初めに述べたように，私たちによる本ライブラリ中の「微分積分」が相応しいのは当然でしょう．内容の詳細は目次をご覧ください．簡単にふれるならば次のようになります．

　まず「微分積分」の積分計算で求められるものから始めます．しかし我々が扱わねばならない対象に対しては，新たな理論を必要とするのです．

　本書の前半を占めるのが物理学への応用から始まった線形常微分方程式の理論であり，中でも「演算子」は，初めて学ぶ諸君にとって魅力あるものでありましょう．後半は偏微分方程式の境界値問題へのフーリエ級数，ラプラス変数の応用です．上に述べた「理論づくりの手本」のわかりやすい例でもあります．

学習法の基本　数学は「理解すること」と「考えること」が重要といわれますが，それを行うにはどんな学習法をとればよいのでしょうか．

　① **書いて学習する**　目だけで行を追い，それに音声を加味して音読する学習ではいけません．また「数学は計算なり」と承知して，計算問題のテクニックだけを覚えて例題解きをする学習も実を結びません．どうするかといえば，基本的な概念，基本的な例題を書きながら学習することが大切です．清書して本を写すのではなく，集中するために，という目的で，書いて学習することが大切です．

　② **覚えること**　基本的な概念は具体例を伴いつつ覚えることで，はじめて使えるものになるのです．

　③ **まねること**　先人の切り開いた道には汲みつくせないほど多くの真理があります．学ぶはまねるから来るともいわれています．

本書の効果的な学習法　「より理解を深めるために」のページには左側のページで正しく身につけた考え方を使って解ける「例題」があります．その下欄の「問」は基本的な問題です．上記の書くこと，覚えること，まねることを基本として，必ず自分でやってください．

　次に各章の終わりに，理解を確実にするために，少し程度の高い「演習問題」を集めました．その下欄にある「演習」に挑戦してみてください．

　また，演習問題の次の「研究」に興味を覚えた方々は，指導の先生にもっと詳しい数学書を紹介してもらうことを薦めます．

まえがき

また，本書の作成にあたり，終始ご尽力いただいたサイエンス社編集部の田島伸彦氏，鈴木綾子女史に心からの感謝を捧げます．

2007年5月

寺田　文行
坂田　　浩

目　　次

1　微分方程式の基礎概念 —————————— 2
- **1.1**　微分方程式 2
- **1.2**　微分方程式の解 4
- 演　習　問　題 6
- 問　の　解　答 7
- 演習問題解答 7

2　1階常微分方程式 ———————————————— 8
- **2.1**　変数分離形・同次形 8
- **2.2**　1階線形微分方程式 12
- **2.3**　幾何学的な応用 14
- 演　習　問　題 16
- 問　の　解　答 19
- 演習問題解答 19

3　線形微分方程式 —————————————————— 20
- **3.1**　2階線形微分方程式 20
- **3.2**　線形微分方程式の級数解 29
- 演　習　問　題 31
- 研究　n 階線形微分方程式の解の性質，ロンスキーの行列式 35
- 問　の　解　答 36
- 演習問題解答 37

4 演算子 — 38

- **4.1** 微分演算子 38
- **4.2** 定数係数の線形微分方程式への応用 44
- 演習問題 50
- 研究 定数係数の n 階同次線形微分方程式の基本解 53
- 問の解答 54
- 演習問題解答 55

5 全微分方程式と連立微分方程式 — 56

- **5.1** 全微分方程式 56
- **5.2** 連立微分方程式 58
- 演習問題 60
- 問の解答 61
- 演習問題解答 61

6 偏微分方程式 — 62

- **6.1** 1階偏微分方程式 62
- **6.2** 2階偏微分方程式 72
- 演習問題 76
- 問の解答 78
- 演習問題解答 81

7 フーリエ解析とその応用 — 82

- **7.1** フーリエ級数 82
- **7.2** フーリエ積分・フーリエ変換 86
- **7.3** 偏微分方程式の初期値問題，初期値・境界値問題 88
- 演 習 問 題 97
- 研究　熱伝導方程式の初期値・境界値問題，ラプラス方程式の境界値問題
  98
- 問 の 解 答 102
- 演習問題解答 107

8 ラプラス変換とその応用 — 108

- **8.1** ラプラス変換 108
- **8.2** ラプラス変換の基本法則 112
- **8.3** 逆ラプラス変換と微分方程式への応用 116
- 演 習 問 題 122
- 研究　熱伝導方程式の初期値・境界値問題 126
- 問 の 解 答 130
- 演習問題解答 132

索　引 — 133

基本例解テキスト
微分方程式

1 微分方程式の基礎概念

1.1 微分方程式

◆ **微分方程式** 独立変数 (最初に決める変数) x とその関数 $y = y(x)$ があって，x, y および $\dfrac{dy}{dx}, \dfrac{d^2y}{dx^2}, \cdots$ を含む方程式を**微分方程式**という．例えば

$$\frac{d^2y}{dx^2} - 2\frac{dy}{dx} - 8y = e^{2x} \qquad ①$$

のように独立変数がただ 1 つのときは**常微分方程式**という．一方，

$$\begin{cases} \dfrac{dy}{dx} = y + z \\ \dfrac{dz}{dx} = y - z \end{cases} \qquad ②$$

のように従属変数 (独立変数に対応して決まる変数のことで，②では y, z) が 2 つ以上のものを**連立微分方程式**という．常微分方程式に対して，

$$\frac{\partial z}{\partial x} - 2z + x\frac{\partial z}{\partial y} = 0 \qquad ③$$

$$\frac{\partial^2 z}{\partial x^2} + \frac{\partial^2 z}{\partial y^2} = 3x^2 - y \qquad ④$$

のように独立変数が 2 つ以上のものを (③, ④では x, y) **偏微分方程式**という．

2 変数の関数 $f(x, y)$ に対して，微分積分で f の全微分

$$df = A(x, y)dx + B(x, y)dy$$

を考えた．いま，$A(x, y)dx + B(x, y)dy = 0$, 例えば

$$(x - y)dx + ydy = 0 \qquad ⑤$$

のような形で与えられる式を**全微分方程式**という．

◆ **微分方程式の階数** 微分方程式に含まれている導関数の最高階の階数をその微分方程式の**階数**という．②, ③, ⑤は 1 階であり，①, ④は 2 階の微分方程式である．

注意 1.1 偏微分，全微分等については，坂田　洋著『基本例解テキスト微分積分』(サイエンス社) p.98 以降を参照のこと．

1.1 微分方程式

● **より理解を深めるために**

―― **例題 1.1** ――――――――――――――――――――― 微分方程式の作成 ――

次の方程式から [ ] に示した任意定数を消去して，その微分方程式を導け．
(1) $x^2 + y^2 - 2cx = 0$ $[c], c \neq 0$ (2) $y = (ae^x + b)^2$ $[a, b]$

【解】 (1) $x^2 + y^2 - 2cx = 0$ ①
を整理して，
$$(x - c)^2 + y^2 = c^2$$
したがって，この方程式は，点 $(c, 0)$ を中心として，半径 $|c|$ の円を表し，c の値を変えると円群を表す (⇨ 図 1.1)．円周上の $y \neq 0$ のような点 $P(x, y)$ を考え，この点で①の両辺を x で微分すると，
$$2x + 2yy' - 2c = 0 \quad \therefore \quad x + yy' = c$$
となり，これを①に代入して c を消去すると，
$$x^2 + y^2 - 2(x + yy')x = 0 \quad \text{すなわち,} \quad y' = \frac{y^2 - x^2}{2xy}$$
これは c の如何にかかわらず円周上の任意の点 $P(x, y)$ を満たす微分方程式である．

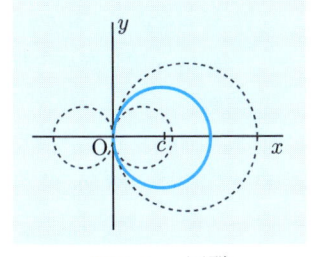

図 1.1 円群

(2) $y = (ae^x + b)^2$ ……② を x で 2 回微分すると，
$y' = 2ae^x(ae^x + b)$ ……③
$y'' = 2ae^x(2ae^x + b)$ ……④
となる．この②，③，④から a, b を消去することを考える．まず b を消去するために，③を2乗したものに②に代入すると
$$(y')^2 = 4a^2 e^{2x} y \qquad\qquad ⑤$$
を得る．また④から③を引くと，
$$y'' - y' = 2a^2 e^{2x} \qquad\qquad ⑥$$
次に⑤，⑥から a を消去するために，⑥を⑤に代入すると，
$$(y')^2 = 2(2a^2 e^{2x})y = 2y(y'' - y')$$
これが求める微分方程式である．

―――――――――――――――――――――――――――――――――――――

(解答は章末の p.7 に掲載されています.)

問 1.1 次の方程式から [ ] に示した任意定数を消去して，その微分方程式を導け．
(1) $y = cx + x^3$ $[c]$ (2) $y = xe^{cx}$ $[c]$ (3) $y = ax + \dfrac{b}{x}$ $[a, b]$

1.2 微分方程式の解

◆ **解の分類**(**一般解**，**特殊解**，**特異解**) 　微分方程式
$$y'' - 2y' + y = 0 \qquad ①$$
において，$y = e^x(C_1 + C_2 x)$ (C_1, C_2 は任意定数) $\cdots ②$ を ① に代入すると恒等的に (すべての x について) 成り立つ．このような関数を微分方程式 ① の**解**といい，解を求めることを微分方程式を**解く**という．

一般に n 階常微分方程式は n 個の任意定数を含む解をもつ．このような解を**一般解**という．n 個の任意定数に特別な値を代入して得られる解を**特殊解**という．上記 ② は ① の一般解であり，② で $C_1 = 1, C_2 = 0$ とおいた $y = e^x$ $\cdots ③$ は ① の特殊解である．また微分方程式
$$(y')^2 + y^2 = 1 \qquad ④$$
は一般解 $y = \sin(x+C)$ (C は任意定数) $\cdots ⑤$ をもっている．また $y = 1$ も明らかに ④ の解である．しかしこの解は C をどんな値にとっても，一般解 ⑤ からは得られない．このように，一般解でも特殊解でもない解が存在することがあるが，このような解を**特異解**という．

◆ **初期条件**，**境界条件** 　1階微分方程式 $f(x, y, y') = 0$ $\cdots ⑥$ において，$x = x_0, y = y_0$ となる特殊解を求めるには次のようにすればよい．まず，⑥ の一般解 $F(x, y, C) = 0$ (C は任意定数) $\cdots ⑦$ を求めて，これに条件
$$x = x_0, \quad y = y_0 \qquad ⑧$$
を代入して $F(x_0, y_0, C) = 0$．これを C について解いて $C = C_0$ になったとすると，
$$F(x, y, C_0) = 0 \qquad ⑨$$
が求める解である．条件 ⑧ を**初期条件**という．

一般に n 階微分方程式 $f(x, y, y', \cdots, y^{(n)}) = 0$ において，1点 $x = x_0$ における条件 $x = x_0, y = y_0, y' = y_1, \cdots, y^{(n-1)} = y_{n-1}$ のもとで解けば1つの特殊解が得られる．

2階微分方程式の一般解が $F(x, y, C_1, C_2) = 0$ $\cdots ⑩$ のとき，2点における条件
$$x = x_0 \quad y = y_0; \quad x = x_1, \quad y = y_1 \qquad ⑪$$
を満足する特殊解を求めるには次のようにすればよい．まず条件 ⑪ を一般解 ⑩ に代入して，$F(x_0, y_0, C_1, C_2) = 0, F(x_1, y_1, C_1, C_2) = 0$．これらの2式から C_1, C_2 を求めて，$C_1 = a, C_2 = b$ が得られたとすれば，
$$F(x, y, a, b) = 0 \qquad ⑫$$
が求める解である．条件 ⑪ のような微分方程式の2個以上の点における条件を**境界条件**という．

1.2 微分方程式の解

● より理解を深めるために

――― 例題 1.2 ――――――――――――――――――― 一般解，初期条件，境界条件 ―――

2 階微分方程式 $y'' - 2y' - 3y = 0$ の一般解は $y = C_1 e^{-x} + C_2 e^{3x}$ (C_1, C_2 は任意定数) であることを確かめよ．

次に初期条件「$x = 0, y = 1, y' = 3$」のもとでこの微分方程式を解け．

さらに，境界条件「$x = 0, y = 1 ; x = 1, y = 1/e$」のもとで解け．

【解】 $y = C_1 e^{-x} + C_2 e^{3x}$ を x で 2 回微分すると，
$$y' = -C_1 e^{-x} + 3C_2 e^{3x}, \quad y'' = C_1 e^{-x} + 9C_2 e^{3x}$$
ゆえに，
$$y'' - 2y' - 3y = (C_1 e^{-x} + 9C_2 e^{3x}) - 2(-C_1 e^{-x} + 3C_2 e^{3x}) - 3(C_1 e^{-x} + C_2 e^{3x}) = 0$$
したがって，$y = C_1 e^{-x} + C_2 e^{3x}$ は 2 階微分方程式 $y'' - 2y' - 3y = 0$ の解であり，任意定数が 2 つあるので，一般解である．

次に
$$y = C_1 e^{-x} + C_2 e^{3x}, \quad y' = -C_1 e^{-x} + 3C_2 e^{3x}$$
に初期条件
$$\lceil x = 0, \quad y = 1, \quad y' = 3 \rfloor$$
を代入すると，
$$C_1 + C_2 = 1, \quad -C_1 + 3C_2 = 3 \quad \therefore \quad C_1 = 0, \quad C_2 = 1$$
を得る．よって，$y = e^{3x}$ が特殊解である．

また，$y = C_1 e^{-x} + C_2 e^{3x}$ に境界条件
$$\lceil x = 0, \quad y = 1 ; \quad x = 1, \quad y = 1/e \rfloor$$
を代入すると，
$$C_1 + C_2 = 1, \quad C_1/e + C_2 e^3 = 1/e \quad \therefore \quad C_1 = 1, \quad C_2 = 0$$
を得る．よって，$y = e^{-x}$ が特殊解である．

問 1.2 1 階微分方程式 $2xy' - y = 0$ の一般解は $y^2 = Cx$ (C は任意定数) であることを確かめよ．またこの微分方程式を初期条件「$x = 1, y = 4$」のもとで解け．

問 1.3 3 階微分方程式 $y''' - 2y'' - y' + 2y = 0$ の一般解は
$y = C_1 e^x + C_2 e^{-x} + C_3 e^{2x}$ (C_1, C_2, C_3 は任意定数) であることを確かめよ．またこの微分方程式を初期条件「$x = 0, y = 3, y' = 2, y'' = 6$」のもとで解け．

問 1.4 2 階微分方程式 $y'' + y' = 0$ の一般解は $y = C_1 + C_2 e^{-x}$ (C_1, C_2 は任意定数) であることを確かめよ．またこの微分方程式を境界条件「$x = 1, y = 2$; $x = -1, y = 1 + e$」のもとで解け．

演 習 問 題

問題 1.1 ──────────────── 微分方程式の作成 ──

曲線 C 上の点 $P(x,y)$ における接線が x 軸となす角を α，点 P と原点 O を結ぶ直線が x 軸となす角を β とする．このとき，点 P が曲線 C 上のどこにあっても $\alpha + \beta = \pi/2$ であるという．この曲線 C の表す微分方程式をつくれ．

【解】 $\dfrac{dy}{dx} = \tan\alpha = \tan\left(\dfrac{\pi}{2} - \beta\right) = \dfrac{\sin\left(\frac{\pi}{2} - \beta\right)}{\cos\left(\frac{\pi}{2} - \beta\right)} = \dfrac{\cos\beta}{\sin\beta} = \dfrac{1}{\tan\beta}$

直線 OP の方程式は
$$y = x\tan\beta$$
であるから，この2式から β を消去すれば，微分方程式
$$\frac{dy}{dx} = \frac{x}{y}$$
を得る．

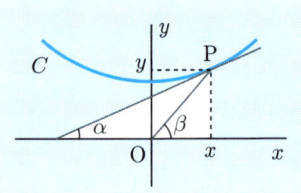

図 1.2

問題 1.2 ──────────────── 偏微分方程式の作成 ──

原点を通る平面群 $z = ax + by$ (a, b は任意定数) から a, b を消去して偏微分方程式をつくれ．

【解】 $z = ax + by$ を x, y で偏微分すると，
$$\frac{\partial z}{\partial x} = a, \quad \frac{\partial z}{\partial y} = b$$
となる．

この 2 式を $z = ax + by$ に代入して，a, b を消去すれば，偏微分方程式
$$x\frac{\partial z}{\partial x} + y\frac{\partial z}{\partial y} - z = 0$$
を得る．

(解答は章末の p.7 に掲載されています．)

演習 1.1 次の方程式から [ ] に示した任意定数を消去して偏微分方程式をつくれ．
(1) $z = (x+a)(y+b)$ [a, b]　　(2) $z^2 = ax^2 + by^2$ [a, b]

問の解答 (第 1 章)

問 1.1 (1) $y = cx + x^3$, $y' = c + 3x^2$ より c を消去して，$y = xy' - 2x^3$

(2) $y = xe^{cx}$, $y' = (1 + cx)e^{cx}$. よって，$xy' = (1 + cx)y$. また，与式の対数をとれば，$\log y = \log x + cx$. ゆえに $cx = \log \dfrac{y}{x}$ ∴ $xy' = \left(1 + \log \dfrac{y}{x}\right) y$

(3) 与式を x について 2 回微分すれば，$y' = a - \dfrac{b}{x^2}$, $y'' = \dfrac{2b}{x^3}$ となる．これを a, b について解き，与式に代入すると，$y = xy' + x^2 y''$

問 1.2 $y' = \dfrac{C}{2y}$. これを与式に代入すると，

$$2xy' - y = \dfrac{Cx}{y} - y = \dfrac{Cx - y^2}{y} = 0$$

よって，$y^2 = Cx$ は 1 つの任意定数を含むので，一般解．$x = 1, y = 4$ の初期条件を一般解に代入すると，

$$C = 16 \quad \therefore \quad y^2 = 16x$$

問 1.3
$$y = C_1 e^x + C_2 e^{-x} + C_3 e^{2x} \qquad ①$$

より，y', y'', y''' を求め，与えられた微分方程式に代入すれば①が一般解であることがわかる．次に，この y', y'', y''' に初期条件を代入すれば，$C_1 = C_2 = C_3 = 1$. したがって求める特殊解は，

$$y = e^x + e^{-x} + e^{2x}$$

問 1.4
$$y = C_1 + C_2 e^{-x} \qquad ②$$

より，y', y'' を求め，与式に代入すれば②が一般解であることがわかる．次に，境界条件を代入して，$C_1 = \dfrac{2e + 1}{e + 1}$, $C_2 = \dfrac{e}{e + 1}$ を求める．したがって特殊解は，

$$y = \dfrac{2e + 1}{e + 1} + \dfrac{e}{e + 1} e^{-x}$$

演習問題解答 (第 1 章)

演習 1.1 (1) $\dfrac{\partial z}{\partial x} = y + b$, $\dfrac{\partial z}{\partial y} = x + a$ より，$\dfrac{\partial z}{\partial x} \cdot \dfrac{\partial z}{\partial y} = a$

(2) $z^2 = ax^2 + by^2$ を x, y で偏微分すれば，$z\dfrac{\partial z}{\partial x} = ax$, $z\dfrac{\partial z}{\partial y} = by$

∴ $xz\dfrac{\partial z}{\partial x} + yz\dfrac{\partial z}{\partial y} = ax^2 + by^2 = z^2$. よって，$x\dfrac{\partial z}{\partial x} + y\dfrac{\partial z}{\partial y} = z$

2 　1階常微分方程式

2.1 変数分離形・同次形

◆ **変数分離形** 　$\dfrac{dy}{dx} = f(x)g(y)$ の形の微分方程式を**変数分離形**という．

解法 2.1 　一般解は $\displaystyle\int \dfrac{1}{g(y)}dy = \int f(x)dx + C$ 　（C は任意定数）

◆ **同次形** 　$\dfrac{dy}{dx} = f\left(\dfrac{y}{x}\right)$ の形の微分方程式を**同次形**という．

解法 2.2 　$y = xu$ とおくと，$\dfrac{du}{dx} = \dfrac{f(u) - u}{x}$ となり，変数分離形となる．

◆ **微分方程式** 　$\dfrac{dy}{dx} = f\left(\dfrac{ax + by + c}{px + qy + r}\right) \quad (aq - bp \neq 0)$ 　　①

は次のようにして，同次形に帰着できる．

解法 2.3 　$\begin{cases} ax + by + c = 0 \\ px + qy + r = 0 \end{cases}$ の解 $\begin{cases} x = \alpha \\ y = \beta \end{cases}$ を求め $\begin{cases} u = x - \alpha \\ v = y - \beta \end{cases}$

と変数変換すると，① は

$$\dfrac{dv}{du} = f\left(\dfrac{au + bv}{pu + qv}\right) = f\left(\dfrac{a + b(v/u)}{p + q(v/u)}\right)$$

と変形できる．これは同次形である．

追記 2.1 　$aq - bp = 0$ の場合は，$\dfrac{a}{p} = \dfrac{b}{q} = k$ とおけば，$\dfrac{ax + by + c}{px + qy + r} = \dfrac{k(px + qy) + c}{px + qy + r}$

となる．$u = px + qy$ とおくと，$\dfrac{du}{dx} = p + q\dfrac{dy}{dx}$ であるから，$\dfrac{dy}{dx} = f\left(\dfrac{ax + by + c}{px + qy + r}\right)$ は

$\dfrac{du}{dx} = p + qf\left(\dfrac{ku + c}{u + r}\right)$ と変形できる．これは変数分離形である．

● より理解を深めるために

例題 2.1 ──────────────────────── 変数分離形 ──

次の微分方程式を解け.
(1) $\dfrac{dy}{dx} = y^2 + y$ (2) $x\dfrac{dy}{dx} + \sqrt{1+y^2} = 0$

【解】 (1) 変数分離形である．p.8 の解法 2.1 を用いる．
まず $y^2 + y \neq 0$ とすると，一般解は，

$$\int \frac{1}{y^2+y} dy = \int dx + C_1 \quad (C_1 \text{は任意定数})$$

$$\int \left(\frac{1}{y} - \frac{1}{y+1}\right) dy = \int dx + C_1 \quad \therefore \quad \log\left|\frac{y}{y+1}\right| = x + C_2$$

$$\left|\frac{y}{y+1}\right| = e^{x+C_2}, \quad \frac{y}{y+1} = \pm e^x \cdot e^{C_2}$$

ここで改めて $C = \pm e^{C_2}$ とおくと，

$$\frac{y}{y+1} = Ce^x \quad \therefore \quad y = \frac{Ce^x}{1 - Ce^x} \quad (C \text{ は任意定数})$$

次に $y^2 + y = 0$ の場合について考える．このとき $y = 0, y = -1$ であるが，これらは明らかに (1) の解である．いま $y = 0$ は一般解において $C = 0$ とおいて得られるので特殊解である．しかし $y = -1$ は一般解からは得られない．つまり特異解である．

(2) $\dfrac{dy}{dx} = -\dfrac{1}{x}\sqrt{1+y^2}$ と変形されるので変数分離形である．p.8 の解法 2.1 より，一般解は $\displaystyle\int \frac{1}{\sqrt{1+y^2}} dy = \int \left(-\frac{1}{x}\right) dx + C_1$ (C_1 は任意定数)．したがって，

$$\log\left(y + \sqrt{1+y^2}\right) = -\log|x| + \log C \quad (C_1 = \log C \text{ とおく})$$

$$\therefore \quad x\left(y + \sqrt{1+y^2}\right) = C \quad (C \text{ は任意定数})$$

(解答は章末の p.19 に掲載されています.)

問 2.1 次の微分方程式を解け.

(1) $\dfrac{dy}{dx} = y^2 - 1$ (2) $\dfrac{dy}{dx} = \sqrt{a^2 - x^2}$

(3) $(1 + x^2)\dfrac{dy}{dx} = 1 + y^2$ (4) $y + 2x\dfrac{dy}{dx} = 0$

(5)[†] $x\dfrac{dy}{dx} + x + y = 0$ (6)[†] $(x^2 y + x)\dfrac{dy}{dx} + xy^2 - y = 0$

[†] $xy = u$ とおけ.

● より理解を深めるために

例題 2.2 ────────────────────────── 同次形 ─

次の微分方程式を解け.
(1)　$y^2 + (x^2 - xy)\dfrac{dy}{dx} = 0$　　　(2)　$x\dfrac{dy}{dx} = y + \sqrt{x^2 + y^2}$

【解】 (1) 与えられた微分方程式の両辺を x^2 で割ると，$\left(\dfrac{y}{x}\right)^2 + \left(1 - \dfrac{y}{x}\right)\dfrac{dy}{dx} = 0$ となり同次形である．p.8 の解法 2.2 により，$\dfrac{y}{x} = u$ とおくと，$\dfrac{dy}{dx} = \dfrac{-u^2}{1-u}$ となる．いま $f(u) = \dfrac{-u^2}{1-x}$ であるので

$$\dfrac{du}{dx} = \left(\dfrac{-u^2}{1-u} - u\right)\dfrac{1}{x} \quad \therefore\ \dfrac{du}{dx} = \dfrac{-u}{1-u}\dfrac{1}{x}$$

これは変数分離形であるので，

$$\int \dfrac{1-u}{u} du + \int \dfrac{1}{x} dx = C_1$$

よって，$\log|u| - u + \log|x| = C_1$，ゆえに $\log|xu| = u + C_1$．したがって，

$$\log|y| = \dfrac{y}{x} + \log C \quad (C_1 = \log C \text{ とおく}) \quad \therefore\ y = Ce^{y/x}$$

(2) 与えられた微分方程式の両辺を x で割ると，$\dfrac{dy}{dx} = \dfrac{y}{x} + \sqrt{1 + \left(\dfrac{y}{x}\right)^2}$ となり同次形である．p.8 の解法 2.2 により，$y = xu$ とおくと，$\dfrac{du}{dx} = \dfrac{\sqrt{1+u^2}}{x}$．これは変数分離形であるので，

$$\int \dfrac{1}{\sqrt{1+u^2}} du = \log|x| + C_1$$

ゆえに，

$$\log\left|u + \sqrt{u^2+1}\right| = \log|x| + C_1$$

したがって，$u + \sqrt{u^2+1} = Cx$ $(C_1 = \log C$ とおく$)$ $\therefore\ y + \sqrt{x^2+y^2} = Cx^2$

問 2.2 次の微分方程式を解け.
(1)　$x\tan\dfrac{y}{x} - y + x\dfrac{dy}{dx} = 0$　　(2)　$\dfrac{1}{\sqrt{x^2+y^2}} + \left(\dfrac{1}{y} - \dfrac{x}{y\sqrt{x^2+y^2}}\right)\dfrac{dy}{dx} = 0$
(3)　$-x^2 + y^2 = 2xy\dfrac{dy}{dx}$　　(4)　$(x^2+y^2)\dfrac{dy}{dx} = xy$

2.1 変数分離形・同次形

● **より理解を深めるために**

---**例題 2.3**---------------------------------------**同次形の応用**---

次の微分方程式を解け．
(1) $\dfrac{dy}{dx} = \dfrac{6x-2y-3}{2x+2y-1}$ (2) $(x+y+1) + (2x+2y-1)\dfrac{dy}{dx} = 0$

【解】 (1) $aq - bp = 6 \times 2 - (-2) \times 2 = 16 \neq 0$ より，p.8 の解法 2.3 を用いる．
$\begin{cases} 6x - 2y - 3 = 0 \\ 2x + 2y - 1 = 0 \end{cases}$ を解けば $\begin{cases} x = 1/2 \\ y = 0 \end{cases}$ を得る．$\begin{cases} u = x - 1/2 \\ v = y \end{cases}$ とおいて，与式を書き直せば，$\dfrac{dv}{du} = \dfrac{3u - v}{u + v}$ となる．これは同次形であるので，さらに $v = ut$ とおいて書き直せば，p.8 の解法 2.2 より

$$\frac{dt}{du} = \frac{3 - 2t - t^2}{1 + t}\frac{1}{u} \quad \text{よって，} \int \frac{1+t}{3 - 2t - t^2} dt = \int \frac{1}{u} du + C_1$$

$$\frac{1}{2}\int \frac{2(t+1)}{t^2 + 2t - 3} dt + \int \frac{1}{u} du = C_1$$

$$\therefore \quad \frac{1}{2}\log|t^2 + 2t - 3| + \log|u| = \frac{1}{2}\log C_2 \quad (C_1 = \frac{1}{2}\log C_2 \text{ とおく})$$

$$\therefore \quad \sqrt{t^2 + 2t - 3}\, u = \sqrt{C_2} \quad \therefore \quad (t^2 + 2t - 3) u^2 = C_2$$

これを x, y の式に戻せば，

$$y^2 + 2xy - y - 3x^2 + 3x = C \quad (C_2 + 3/4 = C \text{ とおく})$$

(2) $aq - bp = 2 - 2 = 0$ より p.8 の追記 2.1 の場合である．
$x + y = u$ とおけば，$1 + y' = u'$ であるから，与えられた微分方程式に代入して，

$$u + 1 + (2u - 1)(u' - 1) = 0, \quad (2u - 1)u' - (u - 2) = 0$$

これは変数分離形であるから，$\displaystyle\int \frac{2u - 1}{u - 2} du - \int dx = C_1$

$$2u + 3\log|u - 2| - x = C_1$$

$x + y = u$ より，$x + 2y + 3\log|x + y - 2| = \log C$ $(C_1 = \log C$ とおく$)$

$$\therefore \quad x + y - 2 = C e^{-(x + 2y)/3}$$

問 2.3 次の微分方程式を解け．

(1) $5x - 7y = (x - 3y + 2)\dfrac{dy}{dx}$ (2) $x + 2y - 1 = (x + 2y + 1)\dfrac{dy}{dx}$

2.2 1階線形微分方程式

◆ **1階線形微分方程式** $P(x), Q(x)$ を x だけの関数とするとき，
$$y' + P(x)y = Q(x) \qquad ①$$
の形の微分方程式を **1階線形微分方程式** という．①に対して
$y' + P(x)y = 0 \cdots ②$ を①の**同伴**な方程式 (または同次線形微分方程式) という．

解法 2.4 $Q(x) = 0$ のときは変数分離形であるから一般解は $y = Ce^{-\int P(x)dx} \qquad ③$

③において，C は (任意の) 定数であるが，x の関数 $z(x)$ と思って，$y = ze^{-\int P(x)dx}$ とおいて①に代入すると，
$$z'e^{-\int P(x)dx} + ze^{-\int P(x)dx}(-P(x)) + P(x)ze^{-\int P(x)dx} = Q(x)$$
よって，$z' = Q(x)e^{\int P(x)dx} \qquad \therefore \quad z = \int Q(x)e^{\int P(x)dx}dx + C$

解法 2.5 $Q(x) \not\equiv 0$ のとき一般解は $y = e^{-\int P(x)dx}\left\{\int Q(x)e^{\int P(x)dx}dx + C\right\} \qquad ④$

◆ **完全微分方程式** 微分方程式 $\dfrac{dy}{dx} = -\dfrac{P(x,y)}{Q(x,y)} \qquad ⑤$

あるいは， $\qquad P(x,y)dx + Q(x,y)dy = 0 \qquad ⑥$

において，適当な関数 $U(x,y)$ が存在して $P(x,y) = \dfrac{\partial U}{\partial x}$, $Q(x,y) = \dfrac{\partial U}{\partial y}$ となるとき⑤または⑥を**完全微分方程式**という．このとき⑥は $dU = 0$ となって一般解は $U(x,y) = C$ で与えられる．(⇨ p.13 の注意 2.2)

定理 2.1 $\begin{array}{l} P(x,y)dx + Q(x,y)dy = 0 \\ \text{が完全微分方程式} \end{array} \iff \dfrac{\partial P(x,y)}{\partial y} = \dfrac{\partial Q(x,y)}{\partial x}$

解法 2.6 微分方程式⑥が完全微分方程式ならば，一般解は次のようになる．
$$\int_{x_0}^{x} P(x,y)dx + \int_{y_0}^{y} Q(x_0,y)dy = C \qquad ⑦$$
または，
$$\int P(x,y)dx + \int \left\{Q(x,y) - \frac{\partial}{\partial y}\int P(x,y)dx\right\}dy = C \qquad ⑧$$

● **より理解を深めるために**

注意 2.1 前ページの解法 2.5 のように定数 C を x の関数 $z(x)$ と思って解く方法を**定数変化法**という．

注意 2.2 与えられた微分方程式は完全微分方程式ではないが，**積分因子** $\mu(x,y)$ をかけると完全微分方程式になる場合がある．(⇨『演習と応用微分方程式』（サイエンス社）の p.16)

┌─ **例題 2.4** ──────────────────── 1 階線形微分方程式 ─┐

次の微分方程式を解け．
(1) $xy' + y = x(1-x^2)$ (2) $y' + 2xy = x$

└────────────────────────────────────┘

【解】 (1), (2) とも 1 階線形微分方程式であるので，p.12 の解法 2.5 を用いる．

(1)
$$y = e^{-\int 1/x dx}\left\{\int (1-x^2)e^{\int 1/x dx}dx + C\right\}$$
$$= e^{-\log x}\left\{\int (1-x^2)e^{\log x}dx + C\right\}$$
$$= \frac{1}{x}\left\{\int (1-x^2)x dx + C\right\} = \frac{x}{2} - \frac{x^3}{4} + \frac{C}{x}$$

(2)
$$y = e^{-\int 2x dx}\left\{\int xe^{\int 2x dx}dx + C\right\} = e^{-x^2}\left\{\int xe^{x^2}dx + C\right\}$$
$$= e^{-x^2}\left(\frac{e^{x^2}}{2} + C\right) = Ce^{-x^2} + \frac{1}{2}$$

┌─ **例題 2.5** ──────────────────────── 完全微分方程式 ─┐

微分方程式 $(2xy - \cos x)dx + (x^2 - 1)dy = 0$ を解け．

└────────────────────────────────────┘

【解】
$$\frac{\partial}{\partial y}(2xy - \cos x) = 2x, \quad \frac{\partial}{\partial x}(x^2 - 1) = 2x$$

であるので，p.12 の定理 2.1 より完全微分方程式である．よって，p.12 の解法 2.6 を適用する $(x_0 = 0, y_0 = 0)$.

$$\int_0^x (2xy - \cos x)dx + \int_0^y (-1)dy = C \quad \therefore \quad x^2 y - \sin x - y = C$$

問 2.4 次の微分方程式を解け．
(1) $y' + y\cos x = \sin x \cos x$ (2) $y' + e^x y = 3e^x$
(3) $y' - y\tan x = e^{\sin x}\ \left(0 < x < \dfrac{\pi}{2}\right)$ (4) $y' + \dfrac{y}{x+1} = \sin x \ (x > -1)$
(5) $(y + e^x \sin y)dx + (x + e^x \cos y)dy = 0$

2.3 幾何学的な応用

◆ **幾何学的な問題**　曲線の**接線**や**法線**などは微分係数で表されるから，曲線の図形的な性質を表した関係式は微分方程式になることが多い．

◆ **接線の長さ，法線の長さ**　図 2.2 において，

$$接線の長さ = \overline{\mathrm{PT}} = \left|\frac{y\sqrt{1+y'^2}}{y'}\right| \quad ①$$

$$法線の長さ = \overline{\mathrm{PN}} = \left|y\sqrt{1+y'^2}\right| \quad ②$$

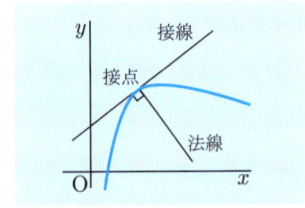

図 2.1　接線, 法線

◆ **接線影の長さ，法線影の長さ**　線分 PT, PN の x 軸への射影 MT, MN をそれぞれ**接線影**，**法線影**と呼ぶ．

$$接線影の長さ = \overline{\mathrm{MT}} = |y/y'| \quad ③$$

$$法線影の長さ = \overline{\mathrm{MN}} = |yy'| \quad ④$$

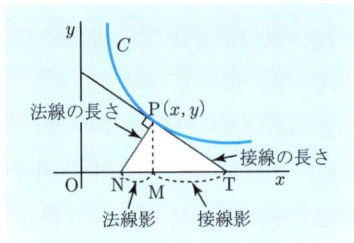

図 2.2　接線, 法線, 接線影, 法線影の長さ

◆ **極座標系**　図 2.3 のように平面上に定点 O（**原点**と呼ぶ）をとる．次に原点を始点とする半直線（**始線**と呼ぶ）を 1 本とる．このとき平面上任意の点 P は線分 OP（**動径**と呼ぶ）の長さ r と，始線と動径のなす角（**偏角**）θ によって表される．ただしこの角の大きさは，始線から左回り（反時計回り）を正の向きにみることにする．このような座標のとり方を**極座標系**と呼ぶ．これに対して 2 本の直交する数直線への射影を用いて平面上の点を表す座標系を**直交座標系**という．

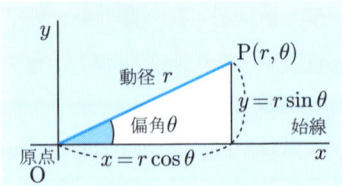

図 2.3　極座標

◆ **極座標系の場合**　曲線 $r = f(\theta)$ 上の任意の点 (r, θ) において（⇨ 図 2.4）

極接線影　$\overline{\mathrm{OT}} = r|\tan\alpha| = r^2\,|d\theta/dr|$　⑤

極法線影　$\overline{\mathrm{ON}} = r\,|1/\tan\alpha| = |dr/d\theta|$　⑥

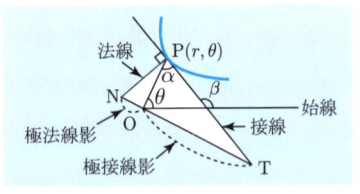

図 2.4　極座標系

接線と始線のなす角 β　$\tan\beta = \dfrac{dy}{dx} = \dfrac{r'\sin\theta + r\cos\theta}{r'\cos\theta - r\sin\theta}$　$\left(r' = \dfrac{dr}{d\theta}\right)$　⑦

2.3 幾何学的な応用

● **より理解を深めるために**

━━ 例題 2.6 ━━━━━━━━━━━━━━━━━━━━━━━ 接線・法線 ━━

次の性質を満たす曲線はどんな曲線か.
(1) 曲線上の点 P における法線に原点 O からおろした垂線の長さが P の y 座標に等しい.
(2) 接線と動径のなす角が偏角に等しい.

【解】 (1) O から P における法線におろした垂線の足を Q とする.点 $P(x, y)$ における法線の方程式は

$$(X - x) + y'(Y - y) = 0$$

であるから,$\overline{OQ} = \dfrac{|x + yy'|}{\sqrt{1 + y'^2}}$ である (⇨ 追記 2.2).

題意より OQ は P の y 座標に等しいから

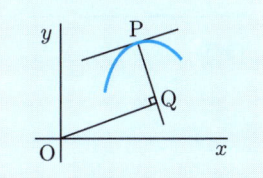

図 2.5

$$\dfrac{|x + yy'|}{\sqrt{1 + y'^2}} = y, \quad \text{よって} \quad x^2 + 2xyy' - y^2 = 0$$

この微分方程式は同次形であるから p.8 の解法 2.2 により,$y = xu$ とおいて,$\displaystyle\int \dfrac{du}{f(u) - u} - \int \dfrac{1}{x} dx = C_1$

この積分を計算して,$x(u^2 + 1) = C$ を得る.これを x, y の式に戻せば,$x^2 + y^2 = Cx$.

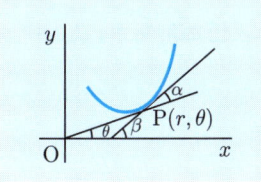

図 2.6

(2) 極座標系で考える.題意より (⇨ 図 2.6),$\theta = \alpha$

$$\therefore \quad \tan\theta = \tan\alpha = \tan(\beta - \theta) = \dfrac{\tan\beta - \tan\theta}{1 + \tan\beta \tan\theta}$$

これに,p.14 の ⑦ である次の式

$$\tan\beta = \dfrac{r' \sin\theta + r \cos\theta}{r' \cos\theta - r \sin\theta}$$

を代入して整理すると,$\tan\theta = \dfrac{r}{r'}$ となる.これは変数分離形である.

$$\therefore \quad r = C \sin\theta$$

いま,これを直交座標系に書き直せば,$r^2 = Cr \sim \theta$ より,$x^2 + y^2 = Cy$ となる.

追記 2.2 点 (x_1, y_1) から直線 $Ax + By + C = 0$ に至る距離 $r = \dfrac{|Ax_1 + By_1 + C|}{\sqrt{A^2 + B^2}}$

問 2.5 曲線上の各点 $P(x, y)$ における接線の傾きが,その点の x 座標と y 座標の和に等しいような曲線を求めよ.

演習問題

問題 2.1 ――――――― $u = f(y)$ とおいて線形微分方程式を導く ―――

微分方程式 $f'(y)y' + P(x)f(y) = Q(x)$ は $u = f(y)$ と変換すると線形微分方程式となることを確かめよ．またこれを利用して，次の微分方程式を解け．

(1) $y'\dfrac{1}{\cos^2 y} + \tan y = x$ (2) $3y^2 y' + y^3 = x - 1$

【解】 $u = f(y)$ とおくと，$\dfrac{du}{dx} = f'(y)y'$ であるから，与えられた微分方程式は

$$\frac{du}{dx} + P(x)u = Q(x)$$

となり，線形微分方程式となる．

(1) $u = \tan y$ とおくと，$\dfrac{du}{dx} = \dfrac{1}{\cos^2 y}\dfrac{dy}{dx}$ となるので，(1) は $\dfrac{du}{dx} + u = x$
p.12 の解法 2.4 により，

$$u = \tan y = e^{-\int dx}\left\{\int xe^{\int dx}dx + C\right\} = e^{-x}\left\{\int xe^x dx + C\right\}$$

$$= e^{-x}(xe^x - e^x + C) = x - 1 + Ce^{-x}$$

$$\therefore\ y = \tan^{-1}(x - 1 + Ce^{-x})$$

(2) $u = y^3$ とおくと，$\dfrac{du}{dx} = 3y^2\dfrac{dy}{dx}$ となるので，(2) は $\dfrac{du}{dx} + u = x - 1$
p.12 の解法 2.4 により，

$$u = y^3 = e^{-\int dx}\left\{\int (x-1)e^{\int dx}dx + C\right\} = e^{-x}\left\{\int (x-1)e^x dx + C\right\}$$

$$= e^{-x}\left\{(x-1)e^x - e^x + C\right\} = e^{-x}(xe^x - 2e^x + C)$$

$$= x - 2 + Ce^{-x}$$

(解答は章末の p.19 に掲載されています．)

演習 2.1 次の微分方程式を [ ] に示した変換を行うことにより解け．

(1) $y'\dfrac{1}{\cos^2 y} + \dfrac{2x}{1+x^2}\tan y = x$ $[u = \tan y]$
(2) $e^y y' + e^y = 2\sin x$ $[u = e^y]$
(3) $y' = (x + y)^2$ $[x + y = u]$

演 習 問 題

---**問題 2.2**------------------$u = \sqrt{y}$ とおいて線形微分方程式を導く---

微分方程式 $xy' + y = x\sqrt{y}$ $(x > 0)$ を解け.

【解】 $u = \sqrt{y}$ とおくと (⇨ 追記 2.3)

$$u' = \frac{1}{2}y^{-1/2}y' \quad \text{すなわち}, \quad y' = 2\sqrt{y}\,u'$$

となるので,これを与えられた微分方程式に代入すると,

$$x \cdot 2\sqrt{y}\,u' + y = x\sqrt{y}, \quad \text{よって} \quad 2xu' + u = x \quad \therefore \quad u' + \frac{1}{2x}u = \frac{1}{2}$$

これは線形微分方程式である.これを解いて,

$$u = \sqrt{y} = e^{-\int (1/2x)dx}\left\{\int \frac{1}{2}e^{\int(1/2x)dx}dx + C\right\} = e^{-(1/2)\log x}\left\{\frac{1}{2}\int e^{(1/2)\log x}dx + C\right\}$$

$$= \frac{1}{\sqrt{x}}\left\{\frac{1}{2}\int x^{1/2}dx + C\right\} = \frac{x}{3} + \frac{C}{\sqrt{x}} \quad \therefore \quad y = \left(\frac{x}{3} + \frac{C}{\sqrt{x}}\right)^2$$

追記 2.3 $y' + P(x)y = Q(x)y^n$ $(n \neq 0, 1)$ をベルヌーイの微分方程式という.これは $u = y^{1-n}$ とおいて解くことができる.つまり,$u' = (1-n)y^{-n}y'$ となるのでこの方程式は

$$u' + (1-n)P(x)u = (1-n)Q(x)$$

となる.これは線形微分方程式である.問題 2.2 は $n = 1/2$ の場合である.

追記 2.4 $y' + P(x)y^2 + Q(x)y + R(x) = 0$ ⋯① の形の微分方程式を広義のリッカティの微分方程式という.この方程式で特殊解の 1 つ y_1 がわかったときは,$y = y_1 + u$ とおくと,① は

$$y_1' + u' + P(x)(y_1 + u)^2 + Q(x)(y_1 + u) + R(x) = 0$$

となる.ここに $y_1' + P(x)y_1^2 + Q(x)y_1 + R(x) = 0$ を用いると,

$$u' + P(x)u^2 + \{2P(x)y_1 + Q(x)\}u = 0$$

これは $n = 2$ のときの u のベルヌーイの微分方程式であるので,追記 2.3 で解くことができる.

演習 2.2[†] 次の微分方程式を解け.
(1) $y' - xy + xy^2 e^{-x^2} = 0$ (2) $y' + y/x = x^2 y^3$
(3) $y = x$ が 1 つの特徴解のとき,$xy' + 2y^2 - y - 2x^2 = 0$

[†] (1), (2) はベルヌーイの微分方程式,(3) は広義のリッカティの微分方程式である.

---問題 2.3--直交曲線群---

放物線群 $y^2 = cx$ の直交曲線群（⇨ 追記 2.5）を求めよ．

【解】 $y^2 = cx$ 上の点 (x, y) における接線の傾きを求める．x で微分すると，$2yy' = c$．これを与えられた微分方程式に代入して，c を消去すると，

$$\frac{dy}{dx} = \frac{y}{2x}$$

これは点 (x, y) における放物線の接線の傾きである．この点において求める曲線に引いた接線の傾きは，直交条件から $-\dfrac{2x}{y}$ であるから求める曲線に対しては次の微分方程式が成り立つ．

$$\frac{dy}{dx} = -\frac{2x}{y}$$

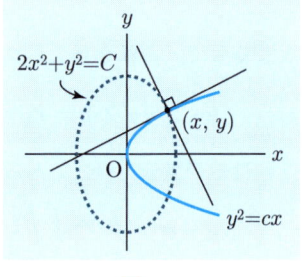

図 2.7

これは変数分離形である．これを解いて

$$\int y dx = -\int 2x dx + C_1 \quad (C_1 \text{は任意定数}) \quad \therefore \quad \frac{y^2}{2} = -x^2 + C_1$$

よって求める直交曲線群は，次の楕円群である．

$$2x^2 + y^2 = C \quad (2C_1 = C \text{とおく})$$

追記 2.5 （**直交曲線群**） 曲線群の直交曲線とは，曲線群の各曲線と直角に交わるような曲線のことである．

例えば，x 軸に平行な直線群 $y = c$ の場合には，y 軸に平行な直線 $x = $ 定数 は 1 つの直交曲線である．したがって，直線群 $x = c'$ は直線群 $y = c$ の直交曲線群である．

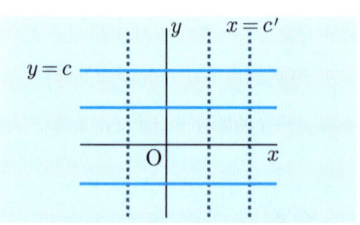

図 2.8 直交曲線群

演習 2.3 次の曲線群の直交曲線群を求めよ．

(1) $x^2 + y^2 = cx$ (2) $xy = c$

問の解答（第 2 章）

問 2.1 (1)～(6) は変数分離形である．

(1) 一般解は $y = \dfrac{1+Ce^{2x}}{1-Ce^{2x}}$, 特異解は $y=\pm 1$

(2) $y = \dfrac{1}{2}\left(x\sqrt{a^2-x^2}+a^2\sin^{-1}\dfrac{x}{a}\right)+C$

(3) $\tan^{-1}y = \tan^{-1}x + C_1$. これを y について解けば
$$y = \tan\left(\tan^{-1}x+C_1\right) = \frac{x+C}{1-Cx} \quad (C=\tan C_1)$$

(4) $y = Cx^{-1/2}$

(5) $xy = u$ とおくと $xy'+y=u'$. これを与えられた微分方程式に代入せよ．$xy + \dfrac{x^2}{2} = C$

(6) $xy = u$ とおいて与えられた微分方程式から y を消去せよ．$xy + \log\left|\dfrac{y}{x}\right| = C$

問 2.2 (1)～(4) は同次形である．

(1) $x\sin\dfrac{y}{x} = C$ \quad (2) $y^2 = C\left(\sqrt{x^2+y^2}-x\right)$

(3) $x^2 + y^2 = Cx$ \quad (4) $y = Ce^{x^2/2y^2}$

問 2.3 (1) 解法 2.3 (p.8) を用いよ．$(3y-5x+5)^2 = C(y-x+1/2)$

(2) 追記 2.1 (p.8) より $x+2y = u$ とおけ．$3x-3y+C = 2\log|3x+6y-1|$

問 2.4 (1)～(4) は線形微分方程式である．

(1) $y = \sin x - 1 + Ce^{-\sin x}$ \quad (2) $y = e^{-e^x}+3$

(3) $\dfrac{1}{\cos x}(e^{\sin x}+C)$ \quad (4) $y = \dfrac{\sin x}{x+1} - \cos x + \dfrac{C}{x+1}$

(5) 完全微分方程式である．$xy + e^x \sin y = C$

問 2.5 点 P における接線の傾きは y' であるから，$y'=x+y$. $y = Ce^x - (x+1)$

演習問題解答（第 2 章）

演習 2.1 (1) $y = \tan^{-1}\dfrac{2x^2+x^4+C}{4(1+x^2)}$ \quad (2) $y = \log(\sin x - \cos x + Ce^{-x})$

(3) $y = \tan(x+C) - x$

演習 2.2 (1) $y(Ce^{-x^2/2}-e^{-x^2}) = 1$ \quad (2) $-2x^3y^2 + Cx^2y^2 = 1$

(3) $y = x + \dfrac{2x}{2Ce^{4x}-1}$

演習 2.3 (1) $\dfrac{dy}{dx} = \dfrac{2xy}{x^2-y^2}$ を満たす曲線群となる．$x^2+y^2 = cy$

(2) $yy' = x$ を満たす曲線群となる．$y^2 - x^2 = c$

3 線形微分方程式

3.1 2階線形微分方程式

◆ **2階線形微分方程式の基本性質** 次の形の微分方程式を **2階線形微分方程式**という．
$$y'' + P(x)y' + Q(x)y = R(x) \qquad ①$$
これは y, y', y'' について1次式であるので，**線形**と呼ばれる．p.12 の1階線形微分方程式の場合と同じように，① に対して，$y'' + P(x)y' + Q(x)y = 0$ ・・・ ② を ① の**同伴**な**同次方程式**(または，**同次線形微分方程式**)という．

> **定理 3.1** 2階線形微分方程式 ① の0でない1つの特殊解を y_0 とし，① の同伴な同次方程式 ② の一般解を Y とする．
> ⇒ 2階線形微分方程式 ① の一般解は $y = y_0 + Y$ ③

◆ **ロンスキーの行列式と基本解** x の関数 y_1, y_2 に対して行列式
$$W(y_1, y_2) = \begin{vmatrix} y_1 & y_2 \\ y_1' & y_2' \end{vmatrix} = y_1 y_2' - y_1' y_2$$
を y_1, y_2 の**ロンスキーの行列式** (p.35 の研究を参照) という．微分方程式 ② が $W(y_1, y_2) \neq 0$ のような2つの解をもつとき，y_1, y_2 を ② の**基本解**という．

> **定理 3.2** y_1, y_2 を微分方程式 ② の基本解とする．
> ⇒ ② の一般解は $Y = C_1 y_1 + C_2 y_2$ (C_1, C_2 は任意定数) ④

定理3.1 と定理3.2 をまとめると次のようになる．

> **定理 3.3** 2階線形微分方程式 $y'' + P(x)y' + Q(x)y = R(x)$ ・・・ ⑤ の0でない1つの解を y_0 とし，この同伴な同次方程式 $y'' + P(x)y' + Q(x)y = 0$ ・・・ ⑥ の基本解を y_1, y_2 とする．
> ⇒ ⑤ の一般解は $y = y_0 + C_1 y_1 + C_2 y_2$ (C_1, C_2 は任意定数) ⑦
>
> **注意 3.1** $C_1 y_1 + C_2 y_2$ を**余関数**という．

3.1 2階線形微分方程式

● より理解を深めるために

例題 3.1 ——————————————————— 基本解・特殊解 ——

微分方程式 $x^2 y'' + xy' - y = 2x^2 \ (x \neq 0)$ の一般解は

$$y = C_1 x + \frac{C_2}{x} + \frac{2}{3}x^2$$

であることを示せ.

【解】 $y_1 = x, y_2 = \dfrac{1}{x}$ が同伴な同次方程式の解であることは代入してわかる. つまり,

$$y_1 = x \text{ のとき,} \quad x^2 \cdot 0 + x \cdot 1 - x = 0$$

$$y_2 = \frac{1}{x} \text{ のとき,} \quad x^2 \cdot \frac{2}{x^3} + x \cdot \frac{-1}{x^2} - \frac{1}{x} = 0$$

$$W(y_1, y_2) = \begin{vmatrix} x & \dfrac{1}{x} \\ 1 & -\dfrac{1}{x^2} \end{vmatrix} = -\frac{2}{x} \neq 0 \text{ であるので } y_1 = x, y_2 = \frac{1}{x} \text{ は基本解である.}$$

$y = \dfrac{2}{3}x^2$ が与えられた微分方程式の特殊解であることは, $y' = \dfrac{4}{3}x, y'' = \dfrac{4}{3}$ を与えられた微分方程式に代入すると,

$$x^2 \cdot \frac{4}{3} + x \cdot \frac{4}{3}x - \frac{2}{3}x^2 = 2x^2$$

となるので明らかである.

よって, p.20 の定理 3.3 より $y = C_1 x + \dfrac{C_2}{x} + \dfrac{2}{3}x^2$ は与えられた微分方程式の一般解である.

注意 3.2 結果が示されているので, 確かめるだけである.

(解答は章末の p.36 以降に掲載されています.)

問 3.1 微分方程式 $(1+x)y'' + (4x+5)y' + (4x+6)y = e^{-2x}$ の一般解は

$$y = C_1 e^{-2x} + C_2 e^{-2x} \log(1+x) + x e^{-2x}$$

であることを示せ.

問 3.2 次の微分方程式において, [ ] に示した関数は基本解であることを確かめよ.

(1) $4x^2 y'' + 4xy' - y = 0$ $\qquad \left[y_1 = \sqrt{x}, y_2 = \dfrac{1}{\sqrt{x}} \right]$

(2) $xy'' - (1+x)y' + y = 0$ $\qquad [y_1 = 1+x, y_2 = e^x]$

(3) $(1-2x)y'' + 2y' + (2x-3)y = 0$ $\quad [y_1 = e^x, y_2 = xe^{-x}]$

3 線形微分方程式

◆ **定数係数の同次線形微分方程式** 次のような
$$y'' + ay' + by = 0 \quad (a, b \text{ は定数}) \qquad ①$$
の形の微分方程式を，定数係数の 2 階同次線形微分方程式という．これに対して，2 次方程式 $t^2 + at + b = 0$ を①の特性方程式，その解を特性解という．

解法 3.1 ①の特性解を α, β とするとき，①の一般解は次のように与えられる．
(1) α, β が相異なる実数解 $\Rightarrow y = C_1 e^{\alpha x} + C_2 e^{\beta x}$ (C_1, C_2 は任意定数)
(2) $\alpha (= \beta)$ が重複解 (実数) $\Rightarrow y = e^{\alpha x}(C_1 + C_2 x)$
(3) $\alpha = p + qi\ (q \neq 0)$ が虚数解 $\Rightarrow y = e^{px}(C_1 \cos qx + C_2 \sin qx)$

◆ **定数係数の非同次線形微分方程式** 次のような
$$y'' + ay' + by = R(x) \quad (a, b \text{ は定数}) \qquad ②$$
の形の微分方程式を定数係数の非同次線形微分方程式という．

解法 3.2 (1) (未定係数法) ②の一般解は p.20 の定理 3.3 より①の一般解と②の特殊解の和として表される．②の特殊解は $R(x)$ の形から類推できることがある．

$R(x)$ の形		類推される特殊解の形
(i)	$a + be^{\alpha x}$	$A + Be^{\alpha x}$
(ii)	$a\cos\alpha x + b\sin\alpha x$	$A\cos\alpha x + B\sin\alpha x$
(iii)	$ae^{\alpha x}\sin\beta x$，または $ae^{\alpha x}\cos\beta x$	$e^{\alpha x}(A\cos\beta x + B\sin\beta x)$
(iv)	多項式	多項式

これら類推した形の関数を②の左辺に代入して計算し，$R(x)$ とその係数を比較して特殊解を求める (**未定係数法**)．また $R(x) = p(x) + q(x)$ の形のときは，$y'' + ay' + by = p(x), y'' + ay' + by = q(x)$ のそれぞれの特殊解を求めて，その和を求めればよい．

解法 3.2 (2) (定数変化法) $R(x)$ が複雑な形をしているときは②の特殊解を直観的に類推することは困難であるので次のような手段で特殊解を求める．①の一般解を $C_1 y_1(x) + C_2 y_2(x)$ とする．ロンスキーの行列式が $W(y_1, y_2) \neq 0$ のとき，
$$u_1(x) = \int \frac{-y_2 R(x)}{W(y_1, y_2)} dx, \quad u_2(x) = \int \frac{y_1 R(x)}{W(y_1, y_2)} dx \qquad ③$$
とおいて，$Y(x) = u_1(x)y_1(x) + u_2(x)y_2(x)$ をつくれば，$Y(x)$ は②の 1 つの解である (**定数変化法**)．このとき，②の一般解は，
$$y = C_1 y_1(x) + C_2 y_2(x) + Y(x) \quad (C_1, C_2 \text{ は任意定数})$$

3.1 2階線形微分方程式

● より理解を深めるために

例題 3.2 ─────────────── 定数係数の2階同次線形微分方程式

次の微分方程式を解け．
(1) $y'' - 3y' - 10y = 0$ (2) $y'' + 6y' + 9y = 0$
(3) $y'' + 2y' + 5y = 0$

【解】 いずれも p.22 の解法 3.1 を用いる．
(1) 特性方程式は $t^2 - 3t - 10 = (t-5)(t+2) = 0$, 特性解は $t = 5, -2$
ゆえに一般解は $\quad y = C_1 e^{5x} + C_2 e^{-2x}$
(2) 特性方程式は $t^2 + 6t + 9 = (t+3)^2 = 0$, 特性解は $t = -3$ (重複解)
ゆえに一般解は $\quad y = C_1 e^{-3x} + C_2 x e^{-3x}$
(3) 特性方程式は $t^2 + 2t + 5 = 0$. これを解けば $t = -1 \pm 2i$
ゆえに一般解は $\quad y = e^{-x}(C_1 \cos 2x + C_2 \sin 2x)$

例題 3.3 ─────────────── 定数係数の2階非同次線形微分方程式

微分方程式 $y'' + 3y' + 2y = e^x$ を解け．

【解】 p.22 の解法 3.2 (1) を用いる．まず
$y'' + 3y' + 2y = 0$ の特性方程式 $t^2 + 3t + 2 = 0$ の特性解は $\alpha = -2, \beta = -1$. ゆえにこの同次方程式の一般解は
$$y = C_1 e^{-2x} + C_2 e^{-x}$$
である．次に $R(x) = e^x$ の形をしているので，類推される特殊解の形は Be^x とみる．よって与式に $y = Be^x$ を代入して整理すると，$6Be^x = e^x$ $\quad \therefore \quad B = 1/6$
したがって，特殊解は $y = e^x/6$. ゆえに一般解は
$$y = C_1 e^{-2x} + C_2 e^{-x} + \frac{e^x}{6}$$

問 3.3 次の微分方程式を解け．
(1) $y'' - 7y' + 12y = 0$ (2) $y'' + 2y' + 2y = 0$
(3) $y'' - 2y' + y = 0$

問 3.4 次の微分方程式を解け．
(1) $y'' - y = x^2$ (2) $y'' - 3y' + 2y = e^{3x}$
(3) $y'' + 3y' + 2y = \cos x$ (4) $y'' - 2y' + y = e^x \cos x$
(5) $y'' + y' - 2y = 2x^2 - 3x$

● より理解を深めるために

例題 3.4 ──────────────────────────── 未定係数法 ─

微分方程式 $y'' + 4y' + 4y = 2x + \sin x$ を解け．

【解】 まず $y'' + 4y' + 4y = 0$ の特性方程式は

$$t^2 + 4t + 4 = (t+2)^2 = 0$$

ゆえに，余関数は $C_1 e^{-2x} + C_2 x e^{-2x}$ である．次に

$$y'' + 4y' + 4y = 2x \quad \cdots ① \qquad y'' + 4y' + 4y = \sin x \quad \cdots ②$$

の特殊解をそれぞれ求めて，それらの和を求める．

① の特殊解：p.22 の解法 3.2 (1)(iv) を用いる．① に $y = Ax + B$ を代入して，

$$4Ax + 4(A+B) = 2x \text{ より}, \quad A = \frac{1}{2}, \quad B = -\frac{1}{2}$$

① の特殊解は $y = \dfrac{x}{2} - \dfrac{1}{2}$ である．

② の特殊解：p.22 の解法 3.2 (1)(ii) を用いる．② に $y = A\cos x + B\sin x$ を代入すれば，

$$(3A + 4B)\cos x + (3B - 4A)\sin x = \sin x$$

となる．よって，

$$3A + 4B = 0, \quad 3B - 4A = 1 \text{ より}, \quad A = -\frac{4}{25}, \quad B = \frac{3}{25}$$

ゆえに ② の特殊解は $y = -\dfrac{4}{25}\cos x + \dfrac{3}{25}\sin x$ となる．

したがって，与えられた微分方程式の一般解は

$$y = C_1 e^{-2x} + C_2 x e^{-2x} + \frac{1}{25}(3\sin x - 4\cos x) + \frac{1}{2}(x - 1)$$

である．

問 3.5 次の微分方程式を解け．

(1) $\dfrac{d^2y}{dx^2} + 2\dfrac{dy}{dx} + 4y = 7e^x - 4x - 6$

(2) $\dfrac{d^2y}{dx^2} + 3\dfrac{dy}{dx} + 2y = e^x + \cos x$

(3) $\dfrac{d^2y}{dx^2} + \dfrac{dy}{dx} + y = x + e^x$

3.1 2階線形微分方程式

● より理解を深めるために

― 例題 3.5 ――――――――――――――――――――――― 定数変化法 ―

次の微分方程式を解け．
$$y'' - 3y' + 2y = xe^{2x}$$

【解】 p.22 の解法 3.2 (2) を用いる．

$y'' - 3y' + 2y = 0$ の特性方程式は $t^2 - 3t + 2 = 0$ でその特性解は $\alpha = 1, \beta = 2$．よってこの微分方程式の一般解は，p.22 の解法 3.1 より
$$C_1 e^x + C_2 e^{2x}$$
である．与えられた微分方程式の特殊解を p.22 の解法 3.2 (2) 定数変化法を用いて求める．

$y_1(x) = e^x, y_2(x) = e^{2x}$ とすると，

$$W(y_1, y_2) = \begin{vmatrix} e^x & e^{2x} \\ e^x & 2e^{2x} \end{vmatrix} = e^{3x} \not= 0$$

$$u_1(x) = \int \frac{-e^{2x} \cdot xe^{2x}}{e^{3x}} dx = -\int xe^x dx = -xe^x + e^x$$

$$u_2(x) = \int \frac{e^x \cdot xe^{2x}}{e^{3x}} dx = \int x dx = \frac{1}{2}x^2$$

ゆえに一般解は

$$y = C_1 y_1(x) + C_2 y_2(x) + u_1(x) y_1(x) + u_2(x) y_2(x)$$
$$= C_1 e^x + C_2 e^{2x} + (-xe^x + e^x)e^x + \frac{1}{2}x^2 e^{2x}$$
$$= C_1 e^x + \left(C_2 + 1 - x + \frac{1}{2}x^2\right)e^{2x} = Ce^x + \left(D - x + \frac{1}{2}x^2\right)e^{2x}$$

$$(C_1 = C, C_2 + 1 = D \text{ とおく})$$

問 **3.6** 次の微分方程式を解け．

(1) $\dfrac{d^2y}{dx^2} + y = \dfrac{1}{\cos x}$ 　　(2) $\dfrac{d^2y}{dx^2} + \dfrac{dy}{dx} = x\cos 2x$

(3) $\dfrac{d^2y}{dx^2} + 2\dfrac{dy}{dx} + y = e^{-x}\log x$ 　　(4) $\dfrac{d^2y}{dx^2} + n^2 y = \dfrac{1}{\cos nx}$ 　($n > 0$)

(5) $\dfrac{d^2y}{dx^2} + 2\dfrac{dy}{dx} + 10y = e^{-x}\dfrac{1}{\cos 3x}$ 　　(6) $\dfrac{d^2y}{dx^2} - 4\dfrac{dy}{dx} + 5y = xe^{2x}\cos x$

3 線形微分方程式

◆ **定数係数でない線形微分方程式** $P(x), Q(x)$ を x の関数とする.
$$L(y) = y'' + P(x)y' + Q(x)y = R(x) \quad \text{①}$$
の形の線形微分方程式について考える.

解法 3.3 ($Q(x) = 0$ の場合) $y'' + P(x)y' = R(x)$ の場合である.
$y' = u(x)$ とおくと,$u'(x) + P(x)u(x) = R(x)$ となるので,1 階線形微分方程式となるので,これまで述べた方法で $u(x)$ を求める.この $u(x)$ を積分すればよい.

解法 3.4 (特殊解の発見法) ① で $R(x) = 0$ のとき,つまり,$L(y) = 0$ の特殊解を見つけるには次の方法が有効である

	$P(x), Q(x)$ の条件	特殊解
(i)	$P(x) + xQ(x) = 0$	$y = x$
(ii)	$m(m-1) + mxP(x) + x^2Q(x) = 0$	$y = x^m$
(iii)	$m^2 + mP(x) + Q(x) = 0$	$y = e^{mx}$

解法 3.5 ($L(y) = 0$ の 1 つの特殊解 $v \neq 0$ が知られたとき) $y = uv$ とおくと,
$$y' = u'v + uv', \quad y'' = u''v + 2u'v' + uv''$$
となる.これを ① に代入して,$v'' + P(x)v' + Q(x)v = 0$ を使って整理すると,
$$u''v + 2u'v' + P(x)u'v = R(x)$$
が得られる.すなわち,
$$\frac{d^2u}{dx^2} + \left(\frac{2}{v}\frac{dv}{dx} + P(x)\right)\frac{du}{dx} = \frac{R(x)}{v}$$
$\dfrac{du}{dx} = w$ とおけば,
$$\frac{dw}{dx} + \left(\frac{2}{v}\frac{dv}{dx} + P(x)\right)w = \frac{R(x)}{v}$$
に帰着される.これは求積法で解くことができる.

解法 3.6 ($L(y) = 0$ の 2 つの特殊解 y_1, y_2 が知られたとき) ただしロンスキーの行列式 $W(y_1, y_2) \neq 0$ とする.p.22 の解法 3.2 (2) がそのまま適用できる.すなわち,p.22 の ③ で,$u_1(x), u_2(x)$ を求めれば,$Y(x) = u_1 y_1 + u_2 y_2$ は ① の 1 つの解であり,求める一般解は,
$$y = C_1 y_1 + C_2 y_2 + Y(x)$$

● **より理解を深めるために**

──**例題 3.6**────────────────**1 つの特殊解が知られた場合**──

微分方程式 $y'' - \dfrac{2x}{x^2+1}y' + \dfrac{2}{x^2+1}y = 6(x^2+1)$ を解け.

【解】 $P(x) = -\dfrac{2x}{x^2+1}$, $Q(x) = \dfrac{2}{x^2+1}$ とおくと, $P(x) + xQ(x) = 0$. ゆえに, p.26 の解法 3.4 (i) により $y = x$ は与えられた微分方程式に同伴な方程式の 1 つの特殊解である. よって, p.26 の解法 3.5 を用いる. $y = ux$ とおくと,

$$y' = u'x + u, \quad y'' = u''x + 2u'$$

これを与えられた微分方程式に代入して整理すると,

$$u'' + u'\left(\frac{2}{x} - \frac{2x}{x^2+1}\right) = \frac{6(x^2+1)}{x}$$

これは u' の 1 階線形微分方程式である. $u' = w$ とおいて

$$\frac{dw}{dx} + w\left(\frac{2}{x} - \frac{2x}{x^2+1}\right) = \frac{6(x^2+1)}{x}$$

p.14 の解法 2.5 を用いて,

$$w = \exp\left\{-\int\left(\frac{2}{x} - \frac{2x}{x^2+1}\right)dx\right\}\left\{\left(\int \frac{6(x^2+1)}{x}\exp\int\left(\frac{2}{x} - \frac{2x}{x^2+1}\right)dx\right)dx + C_1\right\}$$

$$= \frac{x^2+1}{x^2}\left\{6\int \frac{x^2+1}{x}\frac{x^2}{x^2+1}dx + C_1\right\} = \frac{x^2+1}{x^2}\left(3x^2 + C_1\right)$$

$$= 3(x^2+1) + \frac{C_1(x^2+1)}{x^2}$$

$$u = 3\int(x^2+1)dx + C_1\int\left(1 + \frac{1}{x^2}\right)dx + C_2 = x^3 + (3+C_1)x - \frac{C_1}{x} + C_2$$

いま $u = \dfrac{y}{x}$ であるので, 一般解は $y = x^4 + (3+C_1)x^2 + C_2 x - C_1$

問 3.7[†] 次の微分方程式を解け.

(1) $y'' - \dfrac{x+2}{x}y' + \dfrac{x+2}{x^2}y = x^2 e^x$

(2) $y'' - \dfrac{3}{x}y' + \dfrac{3}{x^2}y = 2x - 1$

───────────────

[†] (1), (2) ともに p.26 の解法 3.4 (i) を用いよ.

● **より理解を深めるために**

――例題 3.7――――――――――――――――――――2 つの特殊解が知られた場合――
p.26 の特殊解の発見法によって，次の微分方程式に同伴な方程式の 2 つの特殊解を見つけることにより解け．
$$y'' + \frac{1}{x}y' - \frac{4}{x^2}y = x$$

【解】 p.26 の解法 3.4 (ii) を用いる．
$P(x) = \frac{1}{x}, Q(x) = -\frac{4}{x^2}$ とおくと，
$$m(m-1) + mx \cdot \frac{1}{x} + x^2 \cdot \left(-\frac{4}{x^2}\right) = 0$$

より，$m = \pm 2$ となる．よって，$y_1 = x^2, y_2 = \frac{1}{x^2}$ は $y'' + \frac{1}{x}y' - \frac{4}{x^2}y = 0$ の特殊解である．2 つの特殊解がわかったので，p.26 の解法 3.6 を用いる．

$$W(y_1, y_2) = \begin{vmatrix} x^2 & \frac{1}{x^2} \\ 2x & \frac{-2}{x^3} \end{vmatrix} = x^2 \cdot \frac{-2}{x^3} - \frac{1}{x^2} \cdot 2x = -\frac{4}{x} \neq 0$$

であるから
$$u_1(x) = \int \frac{(-1/x^2) \cdot x}{-4/x} dx = \frac{1}{4}x, \quad u_2(x) = \int \frac{x^2 \cdot x}{-4/x} dx = -\frac{x^5}{20}$$

ゆえに一般解は，
$$y = C_1 x^2 + C_2 \frac{1}{x^2} + \frac{x^3}{4} - \frac{x^3}{20} = C_1 x^2 + \frac{C_2}{x^2} + \frac{x^3}{5} \quad (C_1, C_2 は任意定数)$$

問 **3.8** $y_1 = x, y_2 = x \log x$ が $x^2 y'' - xy' + y = 0$ の解であることを確かめ，定数係数でない場合の定数変化法により，次の微分方程式 $x^2 y'' - xy' + y = \frac{1}{x}$ を解け．

問 **3.9**[†] 次の微分方程式を解け．
(1) $y'' - \frac{2}{x^2}y = 2$
(2) $x^2 y'' + 4xy' + 2y = e^x$

――――――――――――
† (1), (2) ともに p.26 の解法 3.4 (iii) を用いよ．

3.2 線形微分方程式の級数解

◆ **級数解の考え** これまでにも述べたように,2階線形微分方程式は,一般には求積法で求めることはできない.しかし特殊解を1つ知ればよいことに着目すると,解の整級数展開を用いる方法が考えられる.ここではその例を示そう.

例1 微分方程式
$$y' + 2xy = 1 \qquad ①$$
は線形1階の微分方程式であるから,p.12 の解法 2.4 より
$$y = e^{-\int 2x dx}\left\{\int e^{\int 2x dx} dx + a_0\right\} = e^{-x^2}\left\{\int e^{x^2} dx + a_0\right\}$$

となるが $\int e^{x^2} dx$ は初等関数で表せない.そこで e^{x^2} をマクローリン級数展開 (⇨『基本微分積分』(サイエンス社) p.66) して積分すると,

$$\int e^{x^2} dx = \int \left\{1 + \frac{x^2}{1!} + \frac{x^4}{2!} + \frac{x^6}{3!} + \cdots\right\} dx = a_0 + x + \frac{x^3}{3\cdot 1!} + \frac{x^5}{5\cdot 2!} + \frac{x^7}{7\cdot 3!} + \cdots$$

また,$e^{-x^2} = 1 - \frac{x^2}{1!} + \frac{x^4}{2!} - \frac{x^6}{3!} + \cdots$ より

$$y = \left(1 - \frac{x^2}{1!} + \frac{x^4}{2!} - \frac{x^6}{3!} + \cdots\right)\left(a_0 + x + \frac{x^3}{3\cdot 1!} + \frac{x^5}{5\cdot 2!} + \frac{x^7}{7\cdot 3!} + \cdots\right)$$
$$= a_0\left(1 - \frac{x^2}{1!} + \frac{x^4}{2!} - \frac{x^6}{3!} + \cdots\right) + \left(x - \frac{2}{3}x^3 + \frac{4}{15}x^5 - \cdots\right) \qquad ②$$

次に①の整級数解②は次のようにして求めることができる.
①の解が次のように整級数展開できるものと仮定して,
$$y = a_0 + a_1 x + a_2 x^2 + a_3 x^3 + a_4 x^4 + \cdots + a_n x^n + \cdots$$
$$y' = a_1 + 2a_2 x + 3a_3 x^2 + 4a_4 x^3 + \cdots + na_n x^{n-1} + \cdots$$
とおき,①に代入する.
$$(a_1 + 2a_2 x + 3a_3 x^2 + \cdots) + (2a_0 x + 2a_1 x^2 + 2a_2 x^3 + \cdots) = 1$$
$$(a_1 - 1) + (2a_2 + 2a_0)x + (3a_3 + 2a_1)x^2 + (4a_4 + 2a_2)x^3 + \cdots = 0$$
ゆえに x の各係数を0とすると,$a_1 = 1$, $a_2 = -a_0$, $a_3 = -2/3$,
$$a_4 = \frac{1}{2}a_0, \quad a_5 = \frac{2^2}{3\cdot 5}, \quad a_6 = \frac{-1}{2\cdot 3}a_0 + \cdots$$
$$\therefore \quad y = a_0\left(1 - x^2 + \frac{1}{2}x^4 - \frac{1}{6}x^6 + \cdots\right) + \left(x - \frac{2}{3}x^3 + \frac{4}{15}x^5 - \cdots\right) \qquad ③$$

これは②に他ならない.ゆえに①の解が整級数展開で求めることができたのである.

3 線形微分方程式

● **より理解を深めるために**

---**例題 3.8**--- ---**微分方程式の級数解**---

微分方程式 $y'' - y = 0$ を整級数展開を用いて解け.

【解】 $y = a_0 + a_1 x + a_2 x^2 + a_3 x^3 + a_4 x^4 + a_5 x^5 + \cdots$ とおくと,
$$y'' = 2!\, a_2 + 3 \cdot 2 a_3 x + 4 \cdot 3 a_4 x^2 + 5 \cdot 4 a_5 x^3 + \cdots$$
これを与えられた微分方程式に代入すると,
$$(2!\, a_2 - a_0) + (3 \cdot 2 a_3 - a_1)x + (4 \cdot 3 a_4 - a_2)x^2 + (5 \cdot 4 a_5 - a_3)x^3 + \cdots = 0$$
よって, $2!\, a_2 = a_0,\ 3 \cdot 2 a_3 = a_1,\ 4 \cdot 3 a_4 = a_2,\ 5 \cdot 4 a_5 = a_3,\ \cdots$ から,
$$a_2 = \frac{a_0}{2!},\quad a_3 = \frac{a_1}{3!},\quad a_4 = \frac{a_2}{4 \cdot 3} = \frac{a_0}{4!},\quad a_5 = \frac{a_3}{5 \cdot 4} = \frac{a_1}{5!},\quad \cdots$$
ゆえに, 求める解は,
$$y = a_0 \left(1 + \frac{x^2}{2!} + \frac{x^4}{4!} + \cdots \right) + a_1 \left(\frac{x}{1!} + \frac{x^3}{3!} + \frac{x^5}{5!} + \cdots \right) = a_0 \cosh x + a_1 \sinh x$$

追記 3.1 次の形の微分方程式を**ベッセルの微分方程式**という.
$$x^2 y'' + x y' + (x^2 - \alpha^2) y = 0 \quad (\alpha > 0,\ \text{定数})$$
これは, 整級数展開の考えで解を求めることができて, その1つの特殊解は次のようになる. この関数を (**第1種**) **ベッセル関数**という.
$$y = x^\alpha \left\{ \frac{1}{2^\alpha \Gamma(\alpha+1)} - \frac{x^2}{2^{\alpha+2} \Gamma(\alpha+2)} + \frac{x^4}{2^{\alpha+4} 2!\, \Gamma(\alpha+3)} - \cdots \right\}$$
ここに $\Gamma(p)\ (p > 0)$ はガンマ関数である.

追記 3.2 次の形の微分方程式を**ルジャンドルの微分方程式**という.
$$(1 - x^2) y'' - 2 x y' + n(n+1) y = 0 \quad (n \geqq 0,\ \text{整数})$$
これも整級数展開の考えで解を求めることができる. この場合には多項式解
$$y = \frac{(2n-1)(2n-3)\cdots 3 \cdot 1}{n!}$$
$$\times \left\{ x^n - \frac{n(n-1)}{2(2n-1)} x^{n-2} + \frac{n(n-1)(n-2)(n-3)}{2 \cdot 4 \cdot (2n-1)(2n-3)} x^{n-4} + \cdots \right\}$$
が得られ, これを**ルジャンドルの多項式**という.

注意 3.3 微分方程式の級数解の詳細については『演習と応用微分方程式』(サイエンス社) の第5章を参照せよ.

問 3.10 $x = 0$ のまわりの整級数展開を用いて, 微分方程式 $y' = x^2 + y$ を解け.

演 習 問 題

問題 3.1 ─────────────────────── オイラーの微分方程式 ─

微分方程式
$$x^2 y'' + axy' + by = 0 \quad (a, b は定数) \qquad ①$$
を $x = e^t$ と変数変換して，線形微分方程式に帰着させて解け（これを**オイラーの微分方程式**という）．

【解】 $x = e^t$ と変数変換すると，$t = \log x$ で

$$\frac{dy}{dx} = \frac{dy}{dt}\frac{dt}{dx} = \frac{1}{x}\frac{dy}{dt}$$

$$\frac{d^2 y}{dx^2} = \frac{d}{dt}\left(\frac{1}{x}\frac{dy}{dt}\right)\frac{dt}{dx} = \left\{\frac{d}{dt}\left(\frac{1}{x}\right)\frac{dy}{dt} + \frac{1}{x}\frac{d^2 y}{dt^2}\right\}\frac{dt}{dx}$$

$$= \left(-\frac{1}{x}\frac{dy}{dt} + \frac{1}{x}\frac{d^2 y}{dt^2}\right)\frac{1}{x} = \left(\frac{d^2 y}{dt^2} - \frac{dy}{dt}\right)\frac{1}{x^2}$$

これを与えられた微分方程式に代入して整理すれば，

$$\frac{d^2 y}{dt^2} + (a-1)\frac{dy}{dt} + by = 0 \qquad ②$$

となる．これは定数係数の微分方程式である．この特性方程式は

$$u^2 + (a-1)u + b = 0 \qquad ③$$

であるから，p.22 の解法 3.1 により，②すなわち①の一般解は次のようになる．

(1) ③が相異なる実数解 α, β をもつとき，$y = C_1 e^{\alpha t} + C_2 e^{\beta t} = C_1 x^\alpha + C_2 x^\beta$

(2) ③が重複解 α（実数）をもつとき，$y = C_1 e^{\alpha t} + C_2 t e^{\alpha t} = x^\alpha (C_1 + C_2 \log x)$

(3) ③が虚数解 $p \pm qi$ ($q \neq 0$) をもつとき，
$$y = C_1 e^{pt} \cos qt + C_2 e^{pt} \sin qt = C_1 x^p \cos(q \log x) + C_2 x^p \sin(q \log x)$$

追記 3.3 $\quad x^n y^{(n)} + a_1 x^{n-1} y^{(n-1)} + \cdots + a_{n-1} x y' + a_n y = R(x)$

の形の微分方程式を**オイラーの微分方程式**という．問題 3.1 と同様に解くと線形微分方程式に帰着される．

~~~~~~

（解答は章末の p.37 に掲載されています．）

演習 3.1 次の微分方程式を解け．

(1) $x^2 y'' - 2xy' + 2y = 0$ (2) $x^2 y'' + 5xy' + 4y = x^2$

問題 3.2 ────────────────── 微分方程式の標準形 (1)

微分方程式 $y'' + p(x)y' + q(x)y = f(x)$ に対して,

$$v(x) = \exp\left(-\frac{1}{2}\int p(x)dx\right), \quad y = uv$$

とおけば,この微分方程式は $u'' + P(x)u = R(x)$ の形になることを示せ.これをもとの微分方程式の**標準形**という.
また,微分方程式 $y'' + 2xy' + x^2y = 0$ を標準形に直して解け.

【解】 $y' = u'v + uv'$, $y'' = u''v + 2u'v' + uv''$ を与えられた式に代入すると,

$$u''v + \{2v' + p(x)v\}u' + \{v'' + p(x)v' + q(x)v\}u = f(x) \qquad ①$$

また,$2v' + pv = 0$, $v'' + pv' + qv = \left(q - \dfrac{1}{2}p' - \dfrac{1}{4}p^2\right)v$ が成立するので ① に代入して

$$u''v + \left(q - \frac{1}{2}p' - \frac{1}{4}p^2\right)uv = f(x), \quad u'' + \left(q - \frac{1}{2}p' - \frac{1}{4}p^2\right)u = \frac{f(x)}{v}$$

いま,$q(x) - \dfrac{1}{2}p'(x) - \dfrac{1}{4}p(x)^2 = P(x)$, $\dfrac{f(x)}{v(x)} = R(x)$ とおくと,標準形

$$u'' + P(x)u = R(x)$$

を得る.

次の微分方程式を標準形に変形することによって解こう.

$$y'' + 2xy' + x^2y = 0$$

$v = \exp\left(-\dfrac{1}{2}\int 2x dx\right) = \exp\left(-\dfrac{x^2}{2}\right)$ とおき,$y = uv$ とすると,$p = 2x$, $q = x^2$ より,

$$P(x) = q - \frac{1}{2}p' - \frac{1}{4}p^2 = -1$$

となる.また,$f(x) = 0$, $v = \exp\left(-\dfrac{x^2}{2}\right)$ より,$R(x) = 0$. ゆえに標準形は,

$$u'' - u = 0$$

となる.これは定数係数 2 階同次線形微分方程式であるので,p.22 の解法 3.1 を用いると,

$$u = C_1 e^x + C_2 e^{-x}, \quad y = uv = e^{-x^2/2}(C_1 e^x + C_2 e^{-x})$$

演 習 問 題

---- 問題 3.3 ―――――――――――――――――― 微分方程式の標準形 (2) ――
微分方程式 $y'' + 4xy' + (4x^2 - 18)y = xe^{x^2}$ を標準形に直して解け.

【解】 まず前ページの問題 3.2 を用いて標準形に直す.
$$v(x) = \exp\left(-\frac{1}{2}\int(-4x)dx\right) = e^{x^2} \text{ より}, \quad y = u(x)e^{x^2} \text{ とおく}.$$
$$p(x) = -4x, \quad q(x) = 4x^2 - 18, \quad f(x) = xe^{x^2}$$
とおけば,
$$P(x) = q(x) - \frac{1}{2}p'(x) - \frac{1}{4}p(x)^2 = -16, \quad R(x) = \frac{f(x)}{v(x)} = \frac{xe^{x^2}}{e^{x^2}} = x$$
以上のことから, 標準形
$$u'' - 16u = x \qquad\qquad ①$$
が得られる. これは定数係数の 2 階線形微分方程式であるので, p.22 の解法 3.2 (2) (定数変化法) を用いる. ① の同次方程式 $u'' - 16u = 0$ の特性方程式は
$$t^2 - 16 = (t-4)(t+4) = 0$$
である. ゆえに,
$$y_1 = e^{4x}, \quad y_2 = e^{-4x}$$
は, 同次方程式の一次独立な解で,
$$W(y_1, y_2) = \begin{vmatrix} e^{4x} & e^{-4x} \\ 4e^{4x} & -4e^{-4x} \end{vmatrix} = -8 \neq 0$$
である. ゆえに,
$$u_1(x) = \int \frac{-xe^{-4x}}{-8}dx = -\frac{1}{32}e^{-4x}\left(x + \frac{1}{4}\right)$$
$$u_2(x) = \int \frac{xe^{4x}}{-8}dx = -\frac{1}{32}e^{4x}\left(x - \frac{1}{4}\right)$$
$$\therefore Y(x) = -\frac{1}{32}e^{-4x}\left(x + \frac{1}{4}\right)e^{4x} - \frac{1}{32}e^{4x}\left(x - \frac{1}{4}\right)e^{-4x} = -\frac{x}{16}$$
したがって, 求める一般解は,
$$y = u(x)e^{x^2} = \left(C_1 e^{4x} + C_2 e^{-4x} - \frac{x}{16}\right)e^{x^2} \quad (C_1, C_2 \text{ は任意定数})$$

演習 3.2 標準形に変形することにより, 次の微分方程式を解け.

(1) $y'' - \dfrac{4x}{1-x^2}y' - \dfrac{1+x^2}{1-x^2}y = 0$ 　　(2) $y'' - \dfrac{2}{x}y' + \left(9 + \dfrac{2}{x^2}\right)y = 0$

問題 3.4 ─── 2階線形微分方程式 ($Q(x) = 0$ の場合) ───

微分方程式 $y'' + \dfrac{1}{x}y' = x$ を解け.

【解】 p.26 の解法 3.3 を用いる.
$\dfrac{dy}{dx} = u$ とおくと, u の 1 階線形微分方程式 $\dfrac{du}{dx} + \dfrac{1}{x}u = x$ となる. これを解いて,

$$u = e^{-\int 1/x dx}\left\{\int x e^{\int 1/x dx}dx + C_1\right\}$$
$$= e^{-\log x}\left\{\int x e^{\log x}dx + C_1\right\} = \frac{1}{x}\left(\int x^2 dx + C_1\right) = \frac{x^2}{3} + \frac{C_1}{x}$$

$$\frac{dy}{dx} = \frac{x^2}{3} + \frac{C_1}{x} \text{ より}, \quad y = \frac{x^3}{9} + C_1 \log x + C_2 \quad (C_1, C_2 \text{ は定数})$$

問題 3.5 ─── 2階線形微分方程式 ───

微分方程式 $y'' - \dfrac{x}{x-1}y' + \dfrac{1}{x-1}y = x-1$ を解け.

【解】 p.26 の解法 3.4 (i) より $P(x) = \dfrac{-x}{x-1}$, $Q(x) = \dfrac{1}{x-1}$ とおくと, $P(x) + xQ(x) = 0$ …① となる.
次に解法 3.4 (iii) で $m = 1$ のときを用いる. つまり, $1 + P(x) + Q(x) = 0$ …②
① により $y_1 = x$, ② により $y_2 = e^x$ は

$$y'' - \frac{x}{x-1}y' + \frac{1}{x-1}y = 0$$

の特殊解である. p.26 の解法 3.6 により, $W(y_1, y_2) = (x-1)e^x$ であるから

$$u_1(x) = \int \frac{-e^x(x-1)}{(x-1)e^x}dx = -x, \quad u_2(x) = \int \frac{x(x-1)}{(x-1)e^x}dx = -e^{-x}(x+1)$$

$$\therefore \quad y = ax + be^x - x^2 - e^{-x}(x+1)e^x = C_1 x + C_2 e^x - x^2 - 1$$

$$(a - 1 = C_1, b = C_2 \text{ とおく})$$

❦❦❦❦❦❦❦❦❦❦❦❦❦❦❦❦❦❦❦❦❦❦❦❦❦❦

演習 3.3 $(x+1)y'' - (2x+3)y' + 2y = 0$ の特殊解を p.26 の解法 3.4 (iii) で求め, これを用いて次の微分方程式を解け.

$$(x+1)y'' - (2x+3)y' + 2y = xe^x$$

研究

研究 n 階線形微分方程式の解の性質，ロンスキーの行列式

◆ **ロンスキーの行列式** n 個の関数 $y_1(x), y_2(x), \cdots, y_n(x)$ が恒等的に
$$C_1 y_1(x) + C_2 y_2(x) + \cdots + C_n y_n(x) = 0$$
となるような定数 $C_1, C_2, \cdots, C_n$ があれば，実は
$$C_1 = C_2 = \cdots = C_n = 0$$
であるという性質をもつとき，関数 $y_1(x), y_2(x), \cdots, y_n(x)$ はその区間で**一次独立**であるという．一次独立でないとき**一次従属**であるという．

n 個の関数 $y_1(x), y_2(x), \cdots, y_n(x)$ に対して，
$$W(y_1, y_2, \cdots, y_n) = \begin{vmatrix} y_1 & y_2 & \cdots & y_n \\ y_1' & y_2' & \cdots & y_n' \\ \cdots & \cdots & \cdots & \cdots \\ y_1^{(n-1)} & y_2^{(n-1)} & \cdots & y_n^{(n-1)} \end{vmatrix} \qquad ①$$
をこれらの関数の**ロンスキーの行列式**という．

定理 3.4 $y_1, y_2, \cdots, y_n$ が一次独立 $\iff W(y_1, y_2, \cdots, y_n) \not\equiv 0$

◆ **線形微分方程式の解の性質** 一般に次の形の微分方程式を n 階線形微分方程式という．
$$y^{(n)} + P_1(x) y^{(n-1)} + \cdots + P_{n-1}(x) y' + P_n(x) y = R(x) \qquad ②$$
この微分方程式②に対して
$$y^{(n)} + P_1(x) y^{(n-1)} + \cdots + P_{n-1}(x) y' + P_n(x) y = 0 \qquad ③$$
を②の**同次方程式**（または**同伴な方程式**）という．

定理 3.5 n 階同次線形微分方程式③の n 個の解 $y_1, y_2, \cdots, y_n$ が一次独立
$\Rightarrow$ ③の一般解は，$Y = C_1 y_1 + C_2 y_2 + \cdots + C_n y_n \qquad ④$

追記 3.4 定理 3.5 は $W(y_1, y_2, \cdots, y_n) \not\equiv 0$ ならば，③の一般解は④で表されるといってもよい．このとき，$y_1, y_2, \cdots, y_n$ を③の**基本解**という．

定理 3.6 y_0 が n 階微分方程式②の 1 つの特殊解であり，
Y が②の同次方程式③の一般解
$\Rightarrow$ ②の一般解は，$y = y_0 + Y$

注意 3.4 定理 3.5, 定理 3.6 で $n=2$ とすれば p.20 の定理 3.2, 定理 3.3 となる．

問の解答（第 3 章）

問 3.1 y_1, y_2 を代入して同伴方程式の解であることと，$W(y_1, y_2) \neq 0$ を確かめ，次に y_0 が与えられた方程式の解であることを確かめる．

問 3.2 代入して y_1, y_2 が解であることと，$W(y_1, y_2) \neq 0$ を確かめる．

問 3.3 (1) $y = C_1 e^{3x} + C_2 e^{4x}$　　(2) $y = e^{-x}(C_1 \cos x + C_2 \sin x)$
(3) $y = e^x(C_1 + C_2 x)$

問 3.4 (1) $y = ax^2 + bx + c$ を代入．$y = C_1 e^x + C_2 e^{-x} - x^2 - 2$

(2) $y = ae^{3x}$ を代入．$y = C_1 e^x + C_2 e^{2x} + \dfrac{e^{3x}}{2}$

(3) $y = a\cos x + b\sin x$ を代入．$y = C_1 e^{-x} + C_2 e^{-2x} + \dfrac{1}{10}\cos x + \dfrac{3}{10}\sin x$

(4) $y = (a\cos x + b\sin x)e^x$ を代入．$y = C_1 e^x + C_2 x e^x - e^x \cos x$

(5) $y = ax^2 + bx + c$ を代入．$y = C_1 e^x + C_2 e^{-2x} - x^2 + \dfrac{x}{2} - \dfrac{3}{4}$

問 3.5 (1) $y'' + 2y' + 4y = 7e^x$, $y'' + 2y' + 4y = -4x - 6$ の特殊解を求める
（それぞれに $y = ae^x$, $y = bx + c$ を代入）．
$$y = e^{-x}(C_1 \cos\sqrt{3}\,x + C_2 \sin\sqrt{3}\,x) + e^x - x - 1$$

(2) $y'' + 3y' + 2y = e^x$, $y'' + 3y' + 2y = \cos x$ の特殊解を求める
（それぞれに $y = ae^x$, $y = b\sin x + c\cos x$ を代入）．
$$y = C_1 e^{-x} + C_2 e^{-2x} + \dfrac{1}{6}e^x + \dfrac{1}{10}(3\sin x + \cos x)$$

(3) $y'' + y' + y = x$, $y'' + y' + y = e^x$ の特殊解を求める
（それぞれに $y = ax + b$, $y = ce^x$ を代入）．
$$y = e^{-x/2}\left(C_1 \cos\dfrac{\sqrt{3}}{2}x + C_2 \sin\dfrac{\sqrt{3}}{2}x\right) + x - 1 + \dfrac{1}{3}e^x$$

問 3.6 (1) $y = C_1 \cos x + C_2 \sin x + \cos x \log(\cos x) + x \sin x$

(2) $C_1 + C_2 e^{-x} + \dfrac{1}{2}x \sin 2x + \dfrac{1}{4}\cos 2x + \dfrac{1}{25}e^x(4\sin 2x - 3\cos 2x) - \dfrac{x}{5}e^x(\cos 2x + 2\sin 2x)$

(3) $y = C_1 e^{-x} + C_2 x e^{-x} - \dfrac{3}{2}x^2 e^{-x} \log x + \dfrac{5}{4}x^2 e^{-x}$

(4) $y = C_1 \cos nx + C_2 \sin nx + \dfrac{\cos nx}{n^2}\log|\cos nx| + \dfrac{x}{n}\sin nx$

(5) $y = e^{-x}(C_1 \cos 3x + C_2 \sin 3x) + \dfrac{e^{-x}}{9}\cos 3x \log|\cos 3x| + \dfrac{xe^{-x}}{3}\sin 3x$

(6) $y = e^{2x}(C_1 \cos x + C_2 \sin x) + \dfrac{1}{8}e^{2x}\cos x(2x\cos 2x - \sin 2x)$
$\quad + \dfrac{1}{8}e^{2x}\sin x\,(2x^2 + 2x\sin 2x + \cos 2x)$

問 3.7 (1) $P(x) = -\dfrac{x+2}{x}$, $Q(x) = \dfrac{x+2}{x^2}$, $P(x) + xQ(x) = 0$ より $y = x$ は与えられた

同次方程式の特殊解である．

一般解は
$$y = C_1 x + C_2 x e^x + \left(\frac{1}{2}x^3 - x^2\right) e^x$$

(2) $P(x) = -\dfrac{3}{x}$, $Q(x) = \dfrac{3}{x^2}$, $P(x) + xQ(x) = 0$ より $y = x$ は与えられた同次方程式の特殊解である．

一般解は
$$y = C_1 x^3 + C_2 x + x^3 \log x + x^2$$

問 3.8 $\begin{vmatrix} y_1 & y_2 \\ y_1' & y_2' \end{vmatrix} = x \not= 0$ より (定数係数でない場合の) 定数変化法を用いる．

一般解は
$$y = C_1 x + C_2 x \log x + \frac{1}{4x}$$

問 3.9 (1) $P(x) = 0$, $Q(x) = \dfrac{2}{x^2}$ とする．$m(m-1) + mxP(x) + x^2 Q(x)$ は $m = 2$, $m = -1$ のとき 0 となるので，与えられた同次方程式の特殊解は，$y_1 = x^2$, $y_2 = \dfrac{1}{x}$

一般解は
$$y = C_1 x^2 + \frac{C_2}{x} + \frac{2}{3} x^2 \log x$$

(2) $y'' + \dfrac{4}{x} y' + \dfrac{2}{x^2} y = \dfrac{e^x}{x^2}$ と書き直して，$P(x) = \dfrac{4}{x}$, $Q(x) = \dfrac{2}{x^2}$ とおいて，p.26 の解法 3.4 (iii) を用いると，$m = -2$, $m = -1$ となる．よって与えられた同次方程式の特殊解は，$y_1 = \dfrac{1}{x^2}$, $y_2 = \dfrac{1}{x}$ である．

一般解は
$$y = \frac{C_1}{x} + \frac{C_2}{x^2} + \frac{e^x}{x^2}$$

問 3.10 $y = c_0 + c_1 x + \cdots + c_n x^n + \cdots$, $y' = c_1 + 2c_2 x + \cdots + nc_n x^{n-1} + \cdots$ を与えられた微分方程式に代入する．

$$y = ce^x - x^2 - 2x - 2 \quad (c = c_0 + 2)$$

演習問題解答（第 3 章）

演習 3.1 (1) $C_1 x + C_2 x^2$ (2) $C_1 \dfrac{1}{x^2} + C_2 \dfrac{1}{x^2} \log x + \dfrac{1}{16} x^2$

演習 3.2 (1) 一般解は $y = \dfrac{1}{x^2 - 1}(C_1 \cos x + C_2 \sin x)$

(2) 一般解は $y = x(C_1 \cos 3x + C_2 \sin 3x)$

演習 3.3 $m^2 + m\left(-\dfrac{2x+3}{x+1}\right) + \dfrac{2}{x+2}$ は $m = 2$ のとき 0 となる．よって，$y = e^{2x}$ が $(x+1)y'' - (2x+3)y' + 2y = 0$ の特殊解である．

$$y = -e^x - \frac{C_1}{4}(2x+3) + C_2 e^{2x}$$

4 演算子

4.1 微分演算子

◆ **微分演算子** 関数 $y = f(x)$ の導関数を Dy で表す．すなわち，
$$Dy = y', \quad Df(x) = f'(x)$$
であり，D を微分演算子という．

さらに $D(Dy) = D^2 y$ と表す．これは y'' のことであり，一般に，
$$D(D^{n-1}y) = D^n y \quad (n = 1, 2, \cdots)$$
と表す．これは n 階の導関数 $y^{(n)}$ のことである．また，$D^0 = 1$，すなわち，$D^0 y = y$ と定義する．一般に，任意の定数係数の多項式
$$P(t) = a_0 t^n + a_1 t^{n-1} + \cdots + a_{n-1} t + a_n$$
に対して，微分演算子
$$P(D) = a_0 D^n + a_1 D^{n-1} + \cdots + a_{n-1} D + a_n$$
が定義される．すなわち，
$$P(D)y = a_0 D^n y + a_1 D^{n-1} y + \cdots + a_{n-1} Dy + a_n y$$
である．例えば，$(D+2)y = y' + 2y$，$(D^2 + D)y = y'' + y'$．

定理 4.1 $P(t), Q(t)$ を t の多項式とし，D を微分演算子とする．

$\Rightarrow$ $\begin{cases} (1) \quad P(D)(k_1 y_1 + k_2 y_2) = k_1 P(D) y_1 + k_2 P(D) y_2 \quad (k_1, k_2 \text{ は実数}) \\ (2) \quad \{P(D) + Q(D)\} y = P(D) y + Q(D) y \\ (3) \quad \{P(D) Q(D)\} y = P(D) \{Q(D) y\} \end{cases}$

◆ **微分演算子の公式** 演算子の基礎性質は次の通りである．

演算子の基本性質

(1) $P(D) e^{ax} = P(a) e^{ax}$

(2) $P(D^2) \sin(ax + b) = P(-a^2) \sin(ax + b)$

(3) $P(D^2) \cos(ax + b) = P(-a^2) \cos(ax + b)$

(4) $P(D)\{e^{ax} f(x)\} = e^{ax} P(D + a) f(x)$ ($\Rightarrow$ 例題 4.1)

(5) $P(D)\{x f(x)\} = P'(D) f(x) + x P(D) f(x)$ ($\Rightarrow$ 例題 4.1)

● より理解を深めるために

例題 4.1 ───────────── 演算子の基本性質 (4), (5) の証明 ───

次の結果を確かめよ.
(1) $P(D)\{e^{ax}f(x)\} = e^{ax}P(D+a)f(x)$
(2) $P(D)\{xf(x)\} = P'(D)f(x) + xP(D)f(x)$

【解】 (1) $P(D) = D^n$ のときを示す. x の関数 u, v に対して,ライプニッツの定理 (⇨『基本微分積分』(サイエンス社) p.60) により

$$D^n(uv) = (D^n u)v + {}_nC_1(D^{n-1}u)(Dv) + \cdots + {}_nC_r(D^{n-r}u)(D^r v) + \cdots + u(D^n v)$$

特に $u = e^{ax}, v = f(x)$ のとき次のようになる.

$$D^n(e^{ax}f(x)) = a^n e^{ax} f(x) + {}_nC_1 a^{n-1} e^{ax}(Df(x))$$
$$+ \cdots + {}_nC_r a^{n-r} e^{ax}(D^r f(x)) + \cdots + e^{ax}(D^n f(x))$$
$$= e^{ax}\{a^n + {}_nC_1 a^{n-1}D + \cdots + {}_nC_r a^{n-r}D^r + \cdots + D^n\}f(x)$$
$$= e^{ax}(D+a)^n f(x)$$

一般に $P(D)$ が D の多項式のときは,これを定数倍して加えればよい.

(2) これも $P(D) = D^n$ のときを示す. ここでも

$$D^n(uv) = (D^n u)v + {}_nC_1(D^{n-1}u)(Dv) + \cdots + {}_nC_r(D^{n-r}u)(D^r v) + \cdots + u(D^n v)$$

を用いて,$D^n(x \cdot f(x)) = nD^{n-1}f(x) + x \cdot D^n f(x) = P'(D)f(x) + xP(D)f(x)$

一般に $P(D)$ が D の多項式のときは,これを定数倍して加えればよい.

(解答は章末の p.54 以降に掲載されています.)

問 4.1 $De^{ax} = ae^{ax}, D^2 \sin ax = -a^2 \sin ax$ を確かめよ.

問 4.2 $P(D) = D^m$ のとき,次の結果を確かめよ.
(1) $P(D)e^{ax} = P(a)e^{ax}$
(2) $P(D^2)\sin(ax+b) = P(-a^2)\sin(ax+b)$
(3) $P(D^2)\cos(ax+b) = P(-a^2)\cos(ax+b)$

問 4.3[†] $P(D) = D^m$ のとき,次の各値を計算せよ.
(1) $P(D)(x^2 e^{ax})$ (2) $P(D^2)(x\sin ax)$

[†] (1) は例題 4.1(1) において,$f(x) = x^2$ とおけ.
    (2) は例題 4.1(2) において,$f(x) = \sin ax$ とおけ.

4 演算子

◆ **逆演算子** $P(D)y = g(x)$ となる関数 y を $\dfrac{1}{P(D)}g(x)$ で表す.

$\dfrac{1}{P(D)}$ を演算子 $P(D)$ の**逆演算子**という. 特に $\dfrac{1}{D}f(x) = \int f(x)dx$ である.

さらに,次のように定める. $\dfrac{Q(D)}{P(D)}g(x) = \dfrac{1}{P(D)}\{Q(D)g(x)\}$ （⇨ p.41 の注意 4.1）

◆ **逆演算子の公式**

> **定理 4.2** $P(t), Q(t)$ を t の多項式とする.
>
> ⇒ $\begin{cases} (1) & \left\{\dfrac{1}{P(D)} + \dfrac{1}{Q(D)}\right\}g(x) = \dfrac{1}{P(D)}g(x) + \dfrac{1}{Q(D)}g(x) \\ (2) & \dfrac{1}{P(D)Q(D)}g(x) = \dfrac{1}{P(D)}\left\{\dfrac{1}{Q(D)}g(x)\right\} \end{cases}$

◆ **逆演算子の基本性質** （⇨ p.41 の例題 4.2(1), (2)）

(1) $\dfrac{1}{P(D)}\{e^{ax}f(x)\} = e^{ax}\dfrac{1}{P(D+a)}f(x)$ $\quad (P(D+a) \not\equiv 0)$

(2) $\dfrac{1}{P(D)}\{xf(x)\} = x\dfrac{1}{P(D)}f(x) + \left(\dfrac{1}{P(D)}\right)'f(x)$

(3) $\dfrac{1}{P(D^2)}\sin(ax+b) = \dfrac{1}{P(-a^2)}\sin(ax+b)$ $\quad (P(-a^2) \not\equiv 0)$

(4) $\dfrac{1}{P(D^2)}\cos(ax+b) = \dfrac{1}{P(-a^2)}\cos(ax+b)$ $\quad (P(-a^2) \not\equiv 0)$

線形微分方程式への応用として,しばしば用いられるのが次の諸公式である.

(5) $\dfrac{1}{D^2+a^2}\sin ax = -\dfrac{1}{2a}x\cos ax$

(6) $\dfrac{1}{D^2+a^2}\cos ax = \dfrac{1}{2a}x\sin ax$

(7) $\dfrac{1}{D^2+a^2}x\sin ax = \dfrac{1}{4a^2}(x\sin ax - ax^2\cos ax)$

(8) $\dfrac{1}{D^2+a^2}x\cos ax = \dfrac{1}{4a^2}(x\cos ax + ax^2\sin ax)$

(9) $f(x)$ を k 次の多項式とする. $P(t) = t^m Q(t), Q(0) \not\equiv 0,$
$1/Q(t) = a_0 + a_1 t + \cdots + a_k t^k + \cdots$ をマクローリン展開する.
⇒ $\dfrac{1}{P(D)}f(x) = \dfrac{1}{D^m}(a_0 + a_1 D + \cdots + a_k D^k)f(x)$ （⇨ p.50 の問題 4.1）

● より理解を深めるために

注意 4.1 $P(D)\left(\dfrac{1}{P(D)}g(x)\right) = g(x)$ であるが，$\dfrac{1}{P(D)}\{P(D)g(x)\} = g(x) + \dfrac{1}{P(D)} \cdot 0$ を表し，$\dfrac{1}{P(D)} \cdot 0$ は同伴な同次方程式 $P(D)y = 0$ の一般解 (すなわち $P(D)y = g(x)$ の余関数) である．

例題 4.2 ――――――――――――――――――― 逆演算子の基本性質 (1), (2) ――

次の性質が成立することを示せ．
(1) $\dfrac{1}{P(D)}\{e^{ax}f(x)\} = e^{ax}\dfrac{1}{P(D+a)}f(x)$ $\quad (P(D+a) \not= 0)$
(2) $\dfrac{1}{P(D)}\{xf(x)\} = x\dfrac{1}{P(D)}f(x) + \left(\dfrac{1}{P(D)}\right)'f(x)$

【証明】 $\dfrac{1}{P(D)}g(x) = h(x) \iff P(D)h(x) = g(x)$ を用いる．

(1) p.38 の演算子の基本性質 (4) より

$$P(D)\left\{e^{ax}\dfrac{1}{P(D+a)}f(x)\right\} = e^{ax}P(D+a)\dfrac{1}{P(D+a)}f(x) = e^{ax}f(x)$$

(2) p.38 の演算子の基本性質 (5) と $\left(\dfrac{1}{P(D)}\right)' = -\dfrac{P(D)'}{P(D)^2}$ より，

$$P(D)\left\{x\dfrac{1}{P(D)}f(x) - \dfrac{P(D)'}{P(D)^2}f(x)\right\}$$
$$= P'(D)\dfrac{1}{P(D)}f(x) + xP(D)\dfrac{1}{P(D)}f(x) - P(D)\dfrac{P(D)'}{P(D)^2}f(x) = xf(x)$$

特に (1) で $f(x) = 1$ の場合には，p.38 の演算子の基本性質 (1) より，

(10) $\quad \dfrac{1}{P(D)}e^{ax} = \dfrac{1}{P(a)}e^{ax} \quad (P(a) \not= 0)$

問 4.4 次の等式を示せ．
(1) $\dfrac{1}{D^2 + a^2}\sin ax = -\dfrac{1}{2a}x\cos ax$
(2) $\dfrac{1}{D^2 + a^2}x\sin ax = \dfrac{1}{4a^2}\left(x\sin ax - ax^2\cos ax\right)$
(3) $\dfrac{1}{P(D^2)}\sin(ax+b) = \dfrac{1}{P(-a^2)}\sin(ax+b) \quad (P(-a^2) \not= 0)$

● より理解を深めるために

── 例題 4.3 ──────────────────────────── 逆演算子の基本性質 ──

関数 $f(x)$ に対して $\dfrac{1}{D-a}f(x) = e^{ax}\displaystyle\int e^{-ax}f(x)dx$ が成り立つことを示せ。これを用いて，次の式の成り立つことを示せ．

$$\frac{1}{(D-a)^m}e^{bx} = \frac{1}{(b-a)^m}e^{bx} \quad (a \neq b), \quad \frac{1}{(D-a)^m}e^{bx} = \frac{1}{m!}x^m e^{ax} \quad (a = b)$$

【証明】 p.40 の逆演算子の基本性質 (1) より，

$$\frac{1}{D-a}f(x) = \frac{1}{D-a}\{e^{ax}e^{-ax}f(x)\} = e^{ax}\frac{1}{D}e^{-ax}f(x) = e^{ax}\int e^{-ax}f(x)dx$$

特に $f(x) = e^{bx}$ とすると，

$$\frac{1}{D-a}e^{bx} = e^{ax}\int e^{-ax}e^{bx}dx = \begin{cases} e^{bx}/(b-a) & (a \neq b) \\ xe^{ax} & (a = b) \end{cases}$$

また，$a \neq b$ のときには，

$$\frac{1}{(D-a)^2}e^{bx} = \frac{1}{D-a}\left\{\frac{1}{D-a}e^{bx}\right\} = \frac{1}{b-a}\frac{1}{D-a}e^{bx} = \frac{1}{(b-a)^2}e^{bx}$$

これを繰り返して結論が得られる．

次に $a = b$ のときは，$m = k$ まで正しいと仮定して前半の結果を用いると，

$$\frac{1}{(D-a)^{k+1}}e^{ax} = \frac{1}{D-a}\left\{\frac{1}{(D-a)^k}e^{ax}\right\} = \frac{1}{D-a}\left\{\frac{1}{k!}x^k e^{ax}\right\}$$

$$= \frac{1}{k!}e^{ax}\int x^k dx = \frac{1}{(k+1)!}x^{k+1}e^{ax}$$

となり $m = k+1$ のときも成り立つ．

(11) $\dfrac{1}{D-a}f(x) = e^{ax}\displaystyle\int e^{-ax}f(x)dx$

(12) $\dfrac{1}{(D-a)^m}e^{bx} = \dfrac{1}{(b-a)^m}e^{bx} \quad (a \neq b)$

(13) $\dfrac{1}{(D-a)^m}e^{bx} = \dfrac{1}{m!}x^m e^{ax} \quad (a = b)$

問 4.5 次の式を計算せよ．

(1) $\dfrac{1}{D-a}x$ (2) $\dfrac{1}{(D-a)^2}x$ (3) $\dfrac{1}{D^2-3D+2}xe^x$

4.1 微分演算子

● **より理解を深めるために**

─ 例題 4.4 ─────────────────────────── 部分分数法 ─

$P(t) = (t-a)(t-b)$ で $a \neq b$ とすると,

$$\frac{1}{P(D)}f(x) = \frac{1}{a-b}\left\{\frac{1}{D-a}f(x) - \frac{1}{D-b}f(x)\right\}$$

であることを示せ．これを用いて，次の式を計算せよ．

$$\frac{1}{D^2 - 3D + 2}xe^{2x}$$

【解】 $P(D) = (D-a)(D-b)$ であるから

$$P(D)\left\{\frac{1}{a-b}\frac{1}{D-a}f(x) - \frac{1}{a-b}\frac{1}{D-b}f(x)\right\}$$

$$= \frac{1}{a-b}\{(D-b)f(x) - (D-a)f(x)\} = f(x)$$

$$\therefore \quad \frac{1}{P(D)}f(x) = \frac{1}{a-b}\left\{\frac{1}{D-a}f(x) - \frac{1}{D-b}f(x)\right\}$$

$$\frac{1}{D^2-3D+2}xe^{2x} = \frac{1}{D-2}xe^{2x} - \frac{1}{D-1}xe^{2x}$$

$$\frac{1}{D-2}xe^{2x} = e^{2x}\frac{1}{D}x = e^{2x}\cdot\frac{x^2}{2} \quad (\Leftrightarrow \text{p.40 の基本性質 (1)})$$

$$\frac{1}{D-1}xe^{2x} = \frac{1}{D-1}e^x(xe^x) = e^x\frac{1}{D}xe^x = e^x\cdot e^x(x-1)$$

$$(\Leftrightarrow \text{p.40 の基本性質 (1)})$$

$$\therefore \quad \frac{1}{D^2-3D+2}xe^{2x} = e^{2x}\left(\frac{x^2}{2} - x + 1\right)$$

問 4.6 次の式を計算せよ．

(1) $\dfrac{1}{D^2-3D+2}\cos x$ (2) $\dfrac{1}{D^2-2D-3}x$

問 4.7 次の式を計算せよ．

(1) $\dfrac{1}{(D+1)^2}(x^2+x)$ (2) $\dfrac{1}{D^2+D+1}x^2$ (3) $\dfrac{1}{(D^2+a^2)^2}\cos ax$

(4) $\dfrac{1}{D^2+4}x\cos x$ (5) $\dfrac{1}{D^2-D+1}\sin 2x$

4.2 定数係数の線形微分方程式への応用

◆ **定数係数の線形微分方程式** $P(D) = D^n + a_1 D^{n-1} + \cdots + a_n$ のとき,微分方程式
$$P(D)y = R(x) \qquad ①$$
の一般解は p.34 の定理 3.6 により 1 つの特殊解と余関数を求めて,その和をつくればよい.さらに $P(D) = D^2 + aD + b$, $P(D)y = 0$ の一般解 (余関数) は,p.22 の解法 3.1 で求められるので,特殊解を見つけることが問題となる.

◆ **演算子法による特殊解の計算** 上記①すなわち,$P(D)y = R(x)$ の計算は $\dfrac{1}{P(D)} R(x)$ の計算であるから,前節の諸結果を利用することができる.ここでは $R(x)$ の形にしたがって,特殊解の計算法を整理しておく.

(Ⅰ) $R(x) = e^{ax}$ の場合:
p.40 の (1), p.41 の (10) および p.42 の (11), (12), (13) を利用する.

(Ⅱ) $R(x)$ が x の多項式の場合:
$\dfrac{1}{P(D)}$ の整級数展開を考えて,p.40 の (9) を利用する.

(Ⅲ) $R(x) = e^{ax} f(x)$ ($f(x)$ は x の多項式) の場合:p.40 の (1) より,
$$\frac{1}{P(D)} e^{ax} f(x) = e^{ax} \frac{1}{P(D+a)} f(x)$$
として,(Ⅱ) の方法を用いる.

(Ⅳ) $R(x) = \cos(ax+b), \sin(ax+b)$ の場合:
$\dfrac{1}{P(D)} = \dfrac{P_2(D)}{P_1(D^2)}$ と変形しておけば,$\dfrac{1}{P(D)} R(x) = P_2(D) \left\{ \dfrac{1}{P_1(D^2)} R(x) \right\}$
ここで $P(-a^2) \neq 0$ ならば,p.40 の (3), (4) を適用する.

(Ⅴ) $R(x) = e^{ax} \cos(bx+c), e^{ax} \sin(bx+c)$ の場合:p.40 の (1) より
$$\frac{1}{P(D)} e^{ax} \cos(bx+c) = e^{ax} \frac{1}{P(D+a)} \cos(bx+c)$$
$$\frac{1}{P(D)} e^{ax} \sin(bx+c) = e^{ax} \frac{1}{P(D+a)} \sin(bx+c)$$
となるから,ここで (Ⅳ) の方法が適用できる.

注意 4.2 $R(x) = R_1(x) + R_2(x) + \cdots + R_n(x)$ のときは,
$$\frac{1}{P(D)} R(x) = \frac{1}{P(D)} R_1(x) + \frac{1}{P(D)} R_2(x) + \cdots + \frac{1}{P(D)} R_m(x)$$
として,上記方法で特殊解を求めればよい.

4.2 定数係数の線形微分方程式への応用

● **より理解を深めるために**

――― 例題 4.5 ――――――――――――――――― 演算子による計算 (I) ―――

次の微分方程式を解け.
(1) $(D^2 + 5D + 6)y = e^{5x} + e^{-x}$ (2) $(D^2 - 4)y = 3e^{2x} + 4e^{-x}$

【解】 p.44 の注意 4.2 により, $R(x) = R_1(x) + R_2(x)$ のときは,

$$\frac{1}{P(D)}R(x) = \frac{1}{P(D)}R_1(x) + \frac{1}{P(D)}R_2(x) \quad \text{とする.}$$

(1) 与えられた微分方程式は $(D+2)(D+3)y = e^{5x} + e^{-x}$ と書き直せるから, 余関数は, $C_1 e^{-2x} + C_2 e^{-3x}$, 特殊解は, p.41 の (10) より

$$\frac{1}{(D+2)(D+3)}e^{5x} = \frac{1}{D+2}\left(\frac{1}{D+3}e^{5x}\right) = \frac{1}{D+2}\frac{1}{5+3}e^{5x}$$
$$= \frac{1}{8}\frac{1}{D+2}e^{5x} = \frac{1}{8}\cdot\frac{1}{7}e^{5x} = \frac{1}{56}e^{5x}$$

全く同様にして, $\dfrac{1}{(D+2)(D+3)}e^{-x} = \dfrac{1}{D+2}\dfrac{1}{2}e^{-x} = \dfrac{1}{2}\dfrac{1}{D+2}e^{-x} = \dfrac{1}{2}e^{-x}$

ゆえに求める一般解は

$$y = C_1 e^{-2x} + C_2 e^{-3x} + \frac{1}{56}e^{5x} + \frac{1}{2}e^{-x}$$

(2) 与えられた微分方程式は $(D-2)(D+2)y = 3e^{2x} + 4e^{-x}$ と書き直せるから, 余関数は $C_1 e^{-2x} + C_2 e^{2x}$. 特殊解は p.41 の (10), p.42(13) より

$$3\frac{1}{D-2}\left(\frac{1}{D+2}e^{2x}\right) + 4\frac{1}{(D-2)(D+2)}e^{-x}$$
$$= \frac{3}{4}\frac{1}{D-2}e^{2x} - \frac{4}{3}e^{-x} = \frac{3}{4}xe^{2x} - \frac{4}{3}e^{-x}$$

ゆえに求める一般解は

$$y = C_1 e^{-2x} + C_2 e^{2x} + \frac{3}{4}xe^{2x} - \frac{4}{3}e^{-x}$$

問 4.8[†] 次の微分方程式を解け.
(1) $(D^3 - D)y = e^x$
(2) $(D-1)(D+1)(D+2)y = e^{2x}$
(3) $(D-1)(D-2)(D-3)y = e^{4x}$

[†] 3 階以上の定数係数の同次線形微分方程式の基本解については p.53 の研究をみよ.

4 演算子

● より理解を深めるために

例題 4.6 ────────────────────── 演算子による計算 (II), (III) ──

次の微分方程式を解け.
(1) $D(D-1)(D+2)y = x^2$ (2) $(D-1)^2 y = x^3 e^x$

【解】 (1) $t(t-1)(t+2) = 0$ より, $t = 0, 1, -2$. よって余関数は $C_1 + C_2 e^x + C_3 e^{-2x}$ (⇨ p.53 の研究). 次に $P(t) = tQ(t)$, $Q(t) = (t-1)(t+2)$, $f(x) = x^2$ として p.40 の (9) を適用する.

$$\frac{1}{Q(t)} = \frac{1}{3}\left(\frac{1}{t-1} - \frac{1}{t+2}\right) = \frac{1}{3}\left\{(-1-t-t^2-\cdots) - \left(\frac{1}{2} - \frac{t}{4} + \frac{t^2}{8} - \cdots\right)\right\}^{\dagger}$$

$$\frac{1}{D(D-1)(D+2)}x^2 = \frac{1}{D}\left\{-\frac{1}{2}\left(1 + \frac{1}{2}D + \frac{3}{4}D^2\right)x^2\right\}$$
$$= \frac{1}{D}\left(-\frac{1}{2}x^2 - \frac{1}{2}x - \frac{3}{4}\right) = -\frac{x^3}{6} - \frac{x^2}{4} - \frac{3}{4}x$$

したがって求める一般解は $y = C_1 + C_2 e^x + C_3 e^{-2x} - \left(\dfrac{x^3}{6} + \dfrac{x^2}{4} + \dfrac{3}{4}x\right)$

(2) 余関数は,特性解が重複解であるので p.22 の解法 3.1 より $(C_1 + C_2 x)e^x$ である. 次に p.40 の (1) より

$$\frac{1}{(D-1)^2}x^3 e^x = e^x \frac{1}{D^2}x^3 = e^x \frac{1}{D}\frac{1}{4}x^4 = e^x \frac{1}{20}x^5$$

したがって求める一般解は $y = (C_1 + C_2 x)e^x + \dfrac{1}{20}e^x x^5$

問 4.9 次の微分方程式を解け.
(1) $(D-1)y = x^3 + 2x$ (2) $D(D-2)(D+2)y = 5x^3 + 2$
(3) $D(D+1)(D+3)y = x^3$ (4) $(D^3 - 2D)y = e^{2x} - x$

問 4.10 次の微分方程式を解け.
(1) $(D-2)^3(D-1)y = (6x^2 + 2x)e^{2x}$
(2) $(D^3 - 6D^2 + 12D - 8)y = x^2 e^{2x}$
(3) $(D^3 + 3D^2 + 3D + 1)y = x^2 e^{-2x}$

$\dagger$ マクローリン級数展開

$(1+x)^\alpha = 1 + \dfrac{\alpha}{1!}x + \dfrac{\alpha(\alpha-1)}{2!}x^2 + \cdots + \dfrac{\alpha(\alpha-1)\cdots(\alpha-n+1)}{n!}x^n + \cdots$ を用いる. いま,

$\alpha = -1$, $x = -t$ とおくと, $\dfrac{1}{t-1} = -(1-t)^{-1} = -1 - t - t^2 - \cdots$

$\alpha = -1$, $x = t/2$ とおくと, $\dfrac{1}{t+2} = \dfrac{1}{2}\left(1 + \dfrac{t}{2}\right)^{-1} = \dfrac{1}{2} - \dfrac{t}{4} + \dfrac{t^2}{8} - \cdots$

4.2 定数係数の線形微分方程式への応用

● **より理解を深めるために**

――― 例題 4.7 ――――――――――――――― 演算子による計算 (IV), (V) ―――
次の微分方程式を解け.
(1) $(D^2 - D + 1)y = \sin 2x$ 　　　(2) $(D + 2)(D^2 - 2D + 2)y = e^x \cos x$

【解】 (1) $t^2 - t + 1 = 0$ より $t = (1 \pm \sqrt{3}\,i)/2$. ゆえに余関数は,
$$e^{x/2}\left(C_1 \cos \frac{\sqrt{3}}{2}x + C_2 \sin \frac{\sqrt{3}}{2}x\right)$$
である. 特殊解は, p.44 の (IV) より,

$$\frac{1}{D^2 - D + 1}\sin 2x = \frac{1}{(D^2 + 1) - D}\sin 2x = \frac{D^2 + 1 + D}{(D^2 + 1)^2 - D^2}\sin 2x$$
$$= \frac{1}{(D^2 + 1)^2 - D^2}(D^2 + 1)(\sin 2x) + \frac{1}{(D^2 + 1)^2 - D^2}D(\sin 2x)$$
$$= \frac{-3}{(-4 + 1)^2 + 4}\sin 2x + \frac{2}{(-4 + 1)^2 + 4}\cos 2x \quad (\Rightarrow \text{p.40 の (3),(4)})$$
$$= \frac{-3}{13}\sin 2x + \frac{2}{13}\cos 2x$$
$$\therefore \quad y = e^{x/2}\left(C_1 \cos \frac{\sqrt{3}}{2}x + C_2 \sin \frac{\sqrt{3}}{2}x\right) - \frac{1}{13}(3\sin 2x + 2\cos 2x)$$

(2) $(t + 2)(t^2 - 2t + 2) = 0$ より $t = -2, 1 \pm i$. ゆえに余関数は,
$$C_1 e^{-2x} + e^x(C_2 \cos x + C_3 \sin x) \quad (\Rightarrow \text{p.53 の研究})$$
次に特殊解は, p.40 の (1) を用いる. $(D + 2)(D^2 - 2D + 2) = D^3 - 2D + 4$ より,

$$\frac{1}{D^3 - 2D + 4}e^x \cos x = e^x \frac{1}{(D + 3)(D^2 + 1)}\cos x = e^x \frac{1}{D^2 + 1}\left(\frac{D - 3}{D^2 - 9}\cos x\right)$$
$$= e^x \frac{1}{D^2 + 1}\frac{D - 3}{-1 - 9}\cos x \quad (\Rightarrow \text{p.40 の (4)}) \quad = -\frac{e^x}{10}\frac{1}{D^2 + 1}(-3\cos x - \sin x)$$
$$= \frac{e^x}{10}\left(\frac{3}{2}x \sin x - \frac{1}{2}x \cos x\right) \quad (\Rightarrow \text{p.40 の (5),(6)}). \quad \text{ゆえに一般解は}$$
$$y = C_1 e^{-2x} + e^x(C_2 \cos x + C_3 \sin x) + (xe^x/20)(3\sin x - \cos x)$$

問 4.11 次の微分方程式を解け.
(1) $(D^4 + 5D^2 + 4)y = \sin 3x$ 　　　(2) $(D^2 - 3D + 2)y = e^x + \cos x$
(3) $(D^2 - 4D + 3)y = e^x \cos 2x$ 　　　(4) $(D^3 - D)y = x^2 e^x - e^x \cos x$

◆ 定数係数の連立線形微分方程式

$$\begin{cases} (D+2)y + (D+1)z = x \\ 5y + (D+3)z = e^x \end{cases}$$

のような形に組み合わされた微分方程式を，**定数係数の連立微分方程式**という．これの解法は**消去法** (y だけ，または z だけの微分方程式をつくる方法) を用いる．

● **より理解を深めるために**

― 例題 **4.8** ―――――――――――――――――――定数係数の連立微分方程式 ―

次の連立微分方程式を解け．

$$\begin{cases} (D+2)y + (D+1)z = x & \text{①} \\ 5y + (D+3)z = e^x & \text{②} \end{cases}$$

【解】 ① $\times 5 -$ ② $\times (D+2)$ より，$(D^2+1)z = 3e^x - 5x$
$t^2+1=0$ より，$t=i, -i$ なので余関数は $C_1 \cos x + C_2 \sin x$．次に特殊解は

$$\frac{1}{D^2+1}(3e^x - 5x) = \frac{3}{D^2+1}e^x - 5\frac{1}{D^2+1}x$$

ここで
$$\frac{3}{D^2+1}e^x = \frac{3}{1+1}e^x = \frac{3}{2}e^x \quad (\Rightarrow \text{p.41 の (10)})$$

$$\frac{5}{D^2+1}x = 5(1-D^2)x = 5x \quad (\Rightarrow \text{p.40 の (9)})$$

$$\therefore \quad \frac{1}{D^2+1}(3e^x - 5x) = \frac{3}{2}e^x - 5x$$

$$\therefore \quad z = C_1 \cos x + C_2 \sin x + 3e^x/2 - 5x$$

これを ② に代入すると，

$$5y = e^x - (D+3)(C_1 \cos x + C_2 \sin x + 3e^x/2 - 5x)$$

$$\therefore \quad y = -\frac{1}{5}(3C_1 + C_2)\cos x - \frac{1}{5}(3C_2 - C_1)\sin x - e^x + 3x + 1$$

問 4.12 次の連立微分方程式を解け．

(1) $\begin{cases} (D-1)y - 2z = 0 \\ y + (D-4)z = 0 \end{cases}$
(2) $\begin{cases} Dy + 2z = \cos x \\ -y + Dz = -\sin x \end{cases}$

(3) $\begin{cases} (D+1)y - 2z = x^2 \\ y + (D-1)z = 1 \end{cases}$
(4) $\begin{cases} (D+3)y + Dz = \sin x \\ (D-1)y + z = \cos x \end{cases}$

4.2 定数係数の線形微分方程式への応用

例題 4.9 ━━━━━━━━━━━━━━━━━ 定数係数の連立微分方程式 ━

次の連立微分方程式を解け．
$$\begin{cases} (D^2+1)y + (D^2+D+1)z = x & \text{①} \\ Dy + (D+1)z = e^x & \text{②} \end{cases}$$

【解】 ①に $D+1$ を作用させると，
$$(D+1)(D^2+1)y + (D+1)(D^2+D+1)z = 1+x$$
$$\therefore \quad (D^3+D+D^2+1)y + (D+1)(D^2+D+1)z = 1+x \quad \text{③}$$
また②に (D^2+D+1) を作用させると，
$$D(D^2+D+1)y + (D+1)(D^2+D+1)z = 3e^x \quad \text{④}$$
③−④をつくると，D を含まない次のような式を得る．
$$y = 1+x-3e^x \quad \text{⑤}$$
次に①に D を作用させると，
$$D(D^2+1)y + D(D^2+D+1)z = 1 \quad \text{⑥}$$
また②に (D^2+1) を作用させると，
$$(D^2+1)Dy + (D^2+1)(D+1)z = 2e^x \quad \text{⑦}$$
⑦−⑥をつくると，D を含まない次のような式を得る．
$$z = 2e^x - 1$$

注意 4.3 $y = 1+x-3e^x$ が得られたところで，これを②に代入して求めることもできる．
$$D(1+x-3e^x) + (D+1)z = e^x$$
これを整理すると
$$(D+1)z = 4e^x - 1, \quad \text{よって} \quad z = \frac{1}{D+1}(4e^x - 1)$$
p.42 の (11) より
$$z = \frac{1}{D-(-1)}(4e^x - 1) = e^{-x}\int e^x(4e^x-1)dx = e^{-x}\int (4e^{2x}-e^x)dx = 2e^x - 1$$

問 4.13 次の連立微分方程式を求めよ．

(1) $\begin{cases} (D^2+D+1)y + D^2 z = x \\ Dy + (D-1)z = x^2 \end{cases}$

(2) $\begin{cases} (D-1)x + 4y - z = 0 \\ (D+2)y - z = 0 \\ (D-4)z = 0 \end{cases}$

演 習 問 題

問題 4.1 ────────────── 逆演算子の基本公式 (9) の証明 ──

$f(x)$ を k 次の多項式とする．$P(t) = t^m Q(t), Q(0) \neq 0$ のように t の累乗をくくり出し，$\dfrac{1}{Q(t)}$ が

$$a_0 + a_1 t + \cdots + a_k t^k + \cdots$$

のように展開されるならば，次式が成立することを示せ．

$$\frac{1}{P(D)} f(x) = \frac{1}{D^m} \left(a_0 + a_1 D + \cdots + a_k D^k \right) f(x)$$

【証明】
$$\frac{1}{Q(t)} - (a_0 + a_1 t + \cdots + a_k t^k) = \frac{R(t)}{Q(t)}$$

とする．これを左辺からみれば

$$t^{k+1}(a_{k+1} + a_{k+2} t + \cdots)$$

である．よって右辺の多項式 $R(t)$ は t^{k+1} を因数にもつ．よって

$$R(t) = t^{k+1} R_0(t)$$

とおくと，

$$\left\{ \frac{1}{Q(D)} - \left(a_0 + a_1 D + \cdots + a_k D^k \right) \right\} f(x) = \frac{R_0(D)}{Q(D)} D^{k+1} f(x)$$

いま，$f(x)$ は k 次の多項式であるから，

$$D^{k+1} f(x) = 0$$

である．ゆえに

$$\frac{1}{Q(D)} f(x) = \left(a_0 + a_1 D + \cdots + a_k D^k \right) f(x)$$

$$\therefore \quad \frac{1}{P(D)} f(x) = \frac{1}{D^m} \left(a_0 + a_1 D + \cdots + a_k D^k \right) f(x)$$

(解答は章末の p.55 に掲載されています.)

演習 4.1 次の微分方程式の特殊解を求めよ．
(1) $(D^3 - 7D^2 + 6)y = x^2$
(2) $(D^3 - 3D^2 + 4D - 2)y = x^2 + e^x$

問題 4.2 ─────────────────────── オイラーの公式の利用 ─

次の演算子の公式を証明せよ．

$$\frac{1}{(D-a)^2+b^2}f(x) = \frac{e^{ax}\sin bx}{b}\int e^{-ax}\cos bx f(x)dx$$

$$-\frac{e^{ax}\cos bx}{b}\int e^{-ax}\sin bx f(x)dx \quad (b \neq 0)$$

【証明】 $\dfrac{1}{(D-a)^2+b^2}f(x) = \dfrac{1}{2ib}\left\{\dfrac{1}{D-(a+ib)}f(x) - \dfrac{1}{D-(a-ib)}f(x)\right\}$

であるから，右辺のそれぞれの項に p.42 の (11) を用いると，

$$\frac{1}{D-(a+ib)}f(x) = e^{(a+ib)}\int e^{-(a+ib)}f(x)dx$$

$$\frac{1}{D-(a-ib)}f(x) = e^{(a-ib)}\int e^{-(a-ib)}f(x)dx$$

を得る．ここで，オイラーの公式†より，

$$e^{(a+ib)x} = e^{ax}(\cos bx + i\sin bx), \quad e^{(a-ib)x} = e^{ax}(\cos bx - i\sin bx)$$

$$e^{-(a+ib)x} = e^{-ax}(\cos bx - i\sin bx), \quad e^{-(a-ib)x} = e^{-ax}(\cos bx + i\sin bx)$$

となる．この関係式を用いれば，

$$\frac{1}{(D-a)^2+b^2}f(x)$$

$$= \frac{e^{ax}}{2ib}(\cos bx + i\sin bx)\int e^{-ax}(\cos bx - i\sin bx)f(x)dx$$

$$- \frac{e^{ax}}{2ib}(\cos bx - i\sin bx)\int e^{-ax}(\cos bx + i\sin bx)f(x)dx$$

$$= \frac{e^{ax}}{b}\left\{\sin bx \int e^{-ax}\cos bx f(x)dx - \cos bx \int e^{-ax}\sin bx f(x)dx\right\}$$

注意 4.4 演算子に関する諸性質は実数値関数に限定しないで，複素数値関数に広げてもそのまま成り立つ．

～～～～～～～～～～～～～～～～～～～～～～～～～～～～～～

演習 4.2 次の式を計算せよ．

(1) $\dfrac{1}{D^2+1}\dfrac{1}{\cos x}$ (2) $\dfrac{1}{D^4-1}\sin x$

---

† x を実数とするとき，$e^{ix} = \cos x + i\sin x$ を**オイラーの公式**という．

---問題 4.3---　　　　　　　　　　　　　　　　　　　　　　　　　---複素数値関数の利用---

次の微分方程式を解け．
$$(D^2+1)y = xe^x\cos 2x$$

【解】　p.40 の逆演算子の基本性質 (2) より，
$$\frac{1}{D^2+1}xe^x\cos 2x = x\frac{1}{D^2+1}e^x\cos 2x - \frac{2D}{(D^2+1)^2}e^x\cos 2x$$
いま，$e^x\cos 2x = \mathrm{Re}\,e^{(1+2i)x}$ であるから[†]，p.41 の (10) より

$$\frac{1}{D^2+1}e^x\cos 2x = \mathrm{Re}\,\frac{1}{D^2+1}e^{(1+2i)x} = \mathrm{Re}\,\frac{1}{(1+2i)^2+1}e^{(1+2i)x}$$
$$= -\frac{e^x}{10}\mathrm{Re}\,(1+2i)(\cos 2x + i\sin 2x)$$
$$= \frac{e^x}{10}(-\cos 2x + 2\sin 2x)$$

$$\frac{2D}{(D^2+1)^2}e^x\cos 2x = \mathrm{Re}\,\frac{2D}{(D^2+1)^2}e^{(1+2i)x} = \mathrm{Re}\,\frac{2}{\{(1+2i)^2+1\}^2}De^{(1+2i)x}$$
$$= \mathrm{Re}\,\frac{2}{(-2+4i)^2}(1+2i)e^{(1+2i)x}$$
$$= \mathrm{Re}\,\frac{3-4i}{-50}(1+2i)e^x(\cos 2x + i\sin 2x)$$
$$= -\frac{e^x}{50}\mathrm{Re}\,(3-4i)(1+2i)(\cos 2x + i\sin 2x)$$
$$= -\frac{e^x}{50}\mathrm{Re}\,\{(11+2i)(\cos 2x + i\sin 2x)\}$$
$$= -\frac{e^x}{50}(11\cos 2x - 2\sin 2x)$$

次に余関数を求める．$D^2+1 = (D+i)(D-i)$ であるから，余関数は
$$C_1\cos x + C_2\sin x$$
である．よって求める一般解は，
$$y = C_1\cos x + C_2\sin x + \frac{xe^x}{10}(2\sin 2x - \cos 2x) + \frac{e^x}{50}(11\cos 2x - 2\sin 2x)$$

≈≈

演習 **4.3**　次の微分方程式を解け．
$$(D^2-4D+3)y = xe^{-x}\cos 2x$$

[†]　複素数の実部，虚部をそれぞれ $\mathrm{Re}\,z$, $\mathrm{Im}\,z$ と書く．

研究　定数係数の n 階同次線形微分方程式の基本解

まず 1 階線形微分方程式
$$(D-a)y = 0$$
の解は Ce^{ax} である．次に 2 階線形微分方程式
$$(D^2 + px + q)y = 0$$
において，
$$D^2 + pD + q = (D-\alpha_1)(D-\alpha_2) \quad (\alpha_1, \alpha_2 \text{ は実数})$$
であるとすると，この方程式は
$$(D-\alpha_1)\{(D-\alpha_2)y\} = 0$$
と表されるので
$$(D-\alpha_2)y = C_1 e^{\alpha_1 x} \quad (1\text{ 階線形微分方程式})$$
$$y = \frac{1}{D-\alpha_2} C_1 e^{\alpha_1 x} = C_1 e^{\alpha_2 x} \int e^{-\alpha_2 x} e^{\alpha_1 x} dx \quad (\Rightarrow \text{p.42 の (11)})$$
$$= C_1 e^{\alpha_2 x} \int e^{(\alpha_1 - \alpha_2)x} dx$$

ここで $\alpha_1 \neq \alpha_2$ ならば
$$y = C_1 e^{\alpha_2 x} \left\{ \frac{1}{\alpha_1 - \alpha_2} e^{(\alpha_1-\alpha_2)x} + C_2 \right\} = \frac{C_1}{a-b} e^{\alpha_2 x} + C_1 C_2 e^{\alpha_2 x}$$
$$= C_1 e^{\alpha_1 x} + C_2 e^{\alpha_2 x} \quad (\text{定数を書きかえる})$$

また，これをくりかえして，$P(D) = D^n + a_1 D^{n-1} + \cdots + a_{n-1} D + a_n$ のとき
$$P(D)y = 0 \qquad \qquad ①$$
において，特性方程式で相異なる n 個の解をもつ．すなわち，
$$P(D) = (D-\alpha_1)(D-\alpha_2)\cdots(D-\alpha_n)$$
であるとすると，この微分方程式の解は次のようになる．
$$y = C_1 e^{\alpha_1 x} + C_2 e^{\alpha_2 x} + \cdots + C_n e^{\alpha_n x}$$
このときロンスキーの行列式 $W \neq 0$ ($\Rightarrow$ p.35 の研究) となることを $n=3$ のときは次のようにしてわかる (n の場合も同様に示すことができる)．

$$W = \begin{vmatrix} e^{\alpha_1 x} & e^{\alpha_2 x} & e^{\alpha_3 x} \\ \alpha_1 e^{\alpha_1 x} & \alpha_2 e^{\alpha_2 x} & \alpha_3 e^{\alpha_3 x} \\ \alpha_1^2 e^{\alpha_1 x} & \alpha_2^2 e^{\alpha_2 x} & \alpha_3^2 e^{\alpha_3 x} \end{vmatrix} = e^{(\alpha_1+\alpha_2+\alpha_3)x} \begin{vmatrix} 1 & 1 & 1 \\ \alpha_1 & \alpha_2 & \alpha_3 \\ \alpha_1^2 & \alpha_2^2 & \alpha_3^2 \end{vmatrix}$$
$$= e^{(\alpha_1+\alpha_2+\alpha_3)x}(\alpha_2-\alpha_1)(\alpha_3-\alpha_1)(\alpha_3-\alpha_2)$$

よって，$\alpha_1, \alpha_2, \alpha_3$ が相異なるときは $W \neq 0$ である．

問の解答（第4章）

問 4.1 省略

問 4.2 (1) $P(D)e^{ax} = D^m e^{ax} = D^{m-1} a e^{ax} = a^m e^{ax} = P(a)e^{ax}$

(2) $D^2 \sin(ax+b) = D\{a\cos(ax+b)\} = -a^2 \sin(ax+b)$
$(D^2)^m \sin(ax+b) = (-a^2)^m \sin(ax+b)$
$P(D^2)\sin(ax+b) = P(-a^2)\sin(ax+b)$

(3) (2) と同様である．

問 4.3 (1) p.39 の例題 4.1 (1) で $f(x) = x^2$ とおく．
$$P(D)(x^2 e^{ax}) = e^{ax}\{m(m-1)a^{m-2} + 2ma^{m-1}x + a^m x^2\}$$

(2) p.39 の例題 4.1 (2) で $f(x) = \sin ax$ とおく．
$$P(D^2)(x\sin ax) = 2mD^{2m-1}\sin ax + xD^{2m}\sin ax$$
$$= 2m(-1)^{m-1} a^{2m-1}\cos ax + (-1)^m a^{2m} x\sin ax$$

問 4.4 (1) $(D^2 + a^2)(x\cos ax)$ に p.38 の演算子の基本性質 (5) を用いよ．
(2) $P(D) = D^2 + a^2$ として，p.40 の逆演算子の基本性質 (2) を用いよ．
(3) p.38 の演算子の基本性質 (2) を用いよ．

問 4.5 (1) $-\left(\dfrac{x}{a} + \dfrac{1}{a^2}\right)$ (2) 前問の (1) を用いて，$\dfrac{x}{a^2} + \dfrac{2}{a^3}$

(3) $-\dfrac{1}{2}(x^2 + 2x + 2)e^x$

問 4.6 (1) $\dfrac{1}{10}(\cos x - 3\sin x)$ (2) $-\dfrac{1}{3}x + \dfrac{2}{9}$

問 4.7 (1) $x^2 - 3x + 4$ (2) $x^2 - 2x$ (3) $\dfrac{1}{8a^3}(x\sin ax - ax^2 \cos ax)$

(4) $\dfrac{1}{3}x\cos x + \dfrac{2}{9}\sin x$ (5) $\dfrac{1}{13}(2\cos 2x - 3\sin 2x)$

問 4.8 (1) $y = C_1 + C_2 e^x + C_3 e^{-x} + \dfrac{1}{2}xe^x$

(2) $y = C_1 e^x + C_2 e^{-x} + C_3 e^{-2x} + \dfrac{1}{12}e^{2x}$

(3) $y = C_1 e^x + C_2 e^{2x} + C_3 e^{3x} + \dfrac{1}{6}e^{4x}$

問 4.9 (1) $y = Ce^x - (x^3 + 3x^2 + 8x + 8)$

(2) $y = C_1 + C_2 e^{2x} + C_3 e^{-2x} - \dfrac{5x^4 + 15x^2 + 8x}{16}$

(3) $y = C_1 + C_2 e^{-x} + C_3 e^{-3x} + \dfrac{1}{3}\left(\dfrac{x^4}{4} - \dfrac{4x^3}{3} + \dfrac{13x^2}{3} - \dfrac{80x}{9}\right)$

(4) $y = C_1 + C_2 e^{\sqrt{2}x} + C_3 e^{-\sqrt{2}x} + \dfrac{e^{2x} + x^2}{4}$

問 **4.10** (1) $y = C_1 e^x + (C_2 + C_3 x + C_4 x^2)e^{2x} + e^{2x}\left(\dfrac{x^5}{10} - \dfrac{5x^4}{12} + \dfrac{5x^3}{3}\right)$

(2) $y = (C_1 + C_2 x + C_3 x^2)e^{2x} + \dfrac{x^5 e^{2x}}{60}$

(3) $y = (C_1 + C_2 x + C_3 x^2)e^{-x} - (x^2 + 6x + 12)e^{-2x}$

問 **4.11** (1) $y = C_1 \cos x + C_2 \sin x + C_3 \cos 2x + C_4 \sin 2x + \dfrac{\sin 3x}{40}$

(2) $y = C_1 e^x + C_2 e^{2x} - xe^x + \dfrac{\cos x - 3\sin x}{10}$

(3) $y = C_1 e^x + C_2 e^{3x} - e^x \dfrac{\cos 2x + \sin 2x}{8}$

(4) $y = C_1 + C_2 e^x + C_3 e^{-x} + e^x\left(\dfrac{x^3}{6} - \dfrac{3x^2}{4} + \dfrac{7x}{4} + \dfrac{3}{10}\cos x - \dfrac{1}{10}\sin x\right)$

問 **4.12** (1) $\begin{cases} y = C_1 e^{2x} + C_2 e^{3x} \\ z = \dfrac{1}{2} C_1 e^{2x} + C_2 e^{3x} \end{cases}$

(2) $\begin{cases} y = C_1 \cos\sqrt{2}\,x + C_2 \sin\sqrt{2}\,x + \sin x \\ z = \dfrac{\sqrt{2}}{2}(C_1 \sin\sqrt{2}\,x - C_2 \cos\sqrt{2}\,x) \end{cases}$

(3) $\begin{cases} y = C_1 \cos x + C_2 \sin x - x^2 + 2x + 4 \\ z = \dfrac{1}{2}(C_1 + C_2)\cos x - \dfrac{1}{2}(C_1 - C_2)\sin x - x^2 + 3 \end{cases}$

(4) $\begin{cases} y = C_1 e^{3x} + C_2 e^{-x} + \dfrac{2\sin x - \cos x}{5} \\ z = -2C_1 e^{3x} + 2C_2 e^{-x} + \dfrac{1}{5}\sin x + \dfrac{2}{5}\cos x \end{cases}$

問 **4.13** (1) $\begin{cases} y = x + 1 \\ z = -(x+1)^2 \end{cases}$ (2) $\begin{cases} x = C_1 e^x + \dfrac{4}{3} C_2 e^{-2x} + \dfrac{1}{9} C_3 e^{4x} \\ y = C_2 e^{-2x} + \dfrac{C_3}{6} e^{4x} \\ z = C_3 e^{4x} \end{cases}$

演習問題解答（第 4 章）

演習 **4.1** (1) $\dfrac{1}{6}\left(x^2 + \dfrac{7}{3}\right)$ (2) $xe^x - \dfrac{1}{2}(x^2 + 4x + 5)$

演習 **4.2** (1) $x\sin x + \cos x \log(\cos x)$ (2) $\dfrac{x\cos x - \sin x}{4}$

演習 **4.3** $y = C_1 e^x + C_2 e^{3x} + \dfrac{xe^{-x}}{40}(\cos 2x + 3\sin 2x) - \dfrac{e^{-x}}{400}(6\cos 2x + 17\sin 2x)$

5 全微分方程式と連立微分方程式

5.1 全微分方程式

◆ **全微分方程式** P, Q, R がいずれも x, y, z の関数であるとき，
$$Pdx + Qdy + Rdz = 0 \qquad ①$$
の形の微分方程式を**全微分方程式**という ($R = 0$ の場合は，p.12 で述べた)．

全微分方程式①に対して，1つの関数 $F(x, y, z)$ が存在して，
$$Pdx + Qdy + Rdz = dF \qquad ②$$
が成り立つとき，この全微分方程式を**完全微分方程式**という．このとき，①の一般解は $F(x, y, z) = C$ (C は任意定数) で与えられる．次の定理が成り立つ．

> **定理 5.1** (完全微分方程式の条件)
> 全微分方程式①が $\iff \dfrac{\partial P}{\partial y} = \dfrac{\partial Q}{\partial x}, \ \dfrac{\partial Q}{\partial z} = \dfrac{\partial R}{\partial y}, \ \dfrac{\partial R}{\partial x} = \dfrac{\partial P}{\partial z}$ ③
> 完全微分方程式

全微分方程式①に 1 つの関数 $\lambda(x, y, z)$ $(\not\equiv 0)$ をかけて，これを完全微分方程式に直すことができるとき，全微分方程式は**積分可能**であるという．

> **定理 5.2** (積分可能の条件) 全微分方程式①が積分可能
> $\iff W = P\left(\dfrac{\partial Q}{\partial z} - \dfrac{\partial R}{\partial y}\right) + Q\left(\dfrac{\partial R}{\partial x} - \dfrac{\partial P}{\partial z}\right) + R\left(\dfrac{\partial P}{\partial y} - \dfrac{\partial Q}{\partial x}\right) = 0$ ④

◆ **全微分方程式の解法**

解法 I (変数の 1 つを定数とおく方法) 全微分方程式①が積分可能であるとき，変数の 1 つ，例えば z を定数とする $(dz = 0)$．①は，$Pdx + Qdy = 0$ となり，p.12 で述べた方法で解くことができる．いまその一般解を $f(x, y, z) = C$ とする．次に $\dfrac{\partial f}{\partial x} = \mu P$ より μ を求め，$\dfrac{\partial f}{\partial z} - \mu R = g$ とおく．g は f, z の関数となり，結局①は
$$df - g dz = 0 \qquad ⑤$$
の形に帰着される．これを解いて①の一般解が得られる．

解法 II (P, Q, R が同じ次数の同次式の場合) 全微分方程式①で，P, Q, R が同次式で同じ次数のとき，$x = uz, \ y = vz$ とおいて解くと簡単である．

5.1 全微分方程式

● より理解を深めるために

---例題 5.1---------------------------------------全微分方程式---

次の全微分方程式を解け.
(1) $(e^x y + e^z)dx + (e^y z + e^x)dy + (e^y - e^x y - e^y z)dz = 0$
(2) $yzdx + zxdy + xydz = 0$

【解】 (1) p.56 の解法 I を用いる. $P = e^x y + e^z$, $Q = e^y z + e^x$, $R = e^y - e^x y - e^y z$
とおくと, p.56 の定理 5.2 より
$$W = (e^x y + e^z)\{e^y - (e^y - e^x - e^y z)\} + (e^y z + e^x)(-e^x y - e^z)$$
$$+ (e^y - e^x y - e^y z)(e^x - e^x) = 0$$
したがって, 与式は積分可能である. z を定数と考えて,
$$(e^x y + e^z)dx + (e^y z + e^x)dy = 0 \quad \therefore \quad d(e^x y + e^y z + e^z x) = 0 \; ^\dagger$$
ゆえに, $f = e^x y + e^y z + e^z x$, $f_x = e^x y + e^z = \mu(e^x y + e^z) \quad \therefore \quad \mu = 1$
$$g = \frac{\partial f}{\partial z} - \mu R = \frac{\partial f}{\partial z} - R = e^y + e^z x - (e^y - e^x y - e^y z) = e^x y + e^y z + e^z x = f$$
よって, $g = f$ となり p.56 の ⑤ より, $df - fdz = 0$. これを解いて $f = Ce^z$
したがって, 求める一般解は, $e^x y + e^y z + e^z x = Ce^z$ である.

(2) $P = yz$, $Q = zx$, $R = xy$ とおくと, p.56 の定理 5.2 より
$$W = yz(x - x) + zx(y - y) + xy(z - z) = 0$$
ゆえに, 与式は積分可能である. また P, Q, R は x, y, z について 2 次の同次式であるので, p.56 の解法 II を用いる. いま, $x = uz$, $y = vz$ とおく. $dx = zdu + udz$, $dy = zdv + vdz$. これらを与式に代入して
$$vz^2(zdu + udz) + uz^2(zdv + vdz) + uvz^2 dz = 0$$
両辺を uvz^3 で割ると $(1/u)du + (1/v)dv + (3/z)dz = 0$
よって, $\log u + \log v + 3\log z = 0$, $uvz^3 = C \quad \therefore \quad xyz = C$

問 5.1 次の全微分方程式を解け.
(1) $y^2 z dx + (2xyz + z^3)dy + (4yz^2 + 2xy^2)dz = 0$
(2) $(yz + z)dx + (xz + 2z)dy - (xy + x + 2y)dz = 0$
(3) $yzdx - z^2 dy - xydz = 0$
(4) $y(y^2 + z^2)dx - x(y^2 - z^2)dy - 2xyzdz = 0$

---

† 全微分は $df = f_x dx + f_y dy$ のように書かれる. (⇨『基本例解テキスト微分積分』(サイエンス社) p.114)

5.2 連立微分方程式

◆ **連立微分方程式**　$P_1, P_2, Q_1, Q_2, R_1, R_2$ はすべて x, y, z の関数とする．
いま，全微分方程式を 2 つ連立させた**連立微分方程式**を考える．

$$\begin{cases} P_1 dx + Q_1 dy + R_1 dz = 0 & \text{①} \\ P_2 dx + Q_2 dy + R_2 dz = 0 & \text{②} \end{cases}$$

① $\times R_2 -$ ② $\times R_1$ として，dz を消去すると，

$$\frac{dx}{Q_1 R_2 - Q_2 R_1} = \frac{dy}{R_1 P_2 - R_2 P_1}$$

① $\times Q_2 -$ ② $\times Q_1$ として，dy を消去すると

$$\frac{dx}{Q_1 R_2 - Q_2 R_1} = \frac{dz}{P_1 Q_2 - P_2 Q_1}$$

となり，連立微分方程式は次のように表すことができる．

$$\frac{dx}{Q_1 R_2 - Q_2 R_1} = \frac{dy}{R_1 P_2 - R_2 P_1} = \frac{dz}{P_1 Q_2 - P_2 Q_1}$$

ここで，

$Q_1 R_2 - Q_2 R_1 = P(x, y, z), \quad R_1 P_2 - R_2 P_1 = Q(x, y, z), \quad P_1 Q_2 - P_2 Q_1 = R(x, y, z)$

とすると，

$$\frac{dx}{P(x, y, z)} = \frac{dy}{Q(x, y, z)} = \frac{dz}{R(x, y, z)}$$

◆ **連立微分方程式の解法**

解法 III　（両方の式が積分可能の場合）　全微分方程式①，②の両方とも積分可能の場合は，その 2 つの解をそれぞれ求めて，連立させたものが解である．

解法 IV　（1 つの式が積分可能の場合）　①，②の一方だけが積分可能の場合は，まずその解を求め，他の方程式に代入して 1 つの変数を消去して解く．

解法 V（両方の式が積分可能でない場合）　①，②の両方が積分可能でない場合は，任意の関数 l, m, n（x, y, z の関数）に対して

$$\frac{dx}{P} = \frac{dy}{Q} = \frac{dz}{R} = \frac{l\,dx + m\,dy + n\,dz}{lP + mQ + nR} \qquad \text{③}$$

をつくり，l, m, n を適当にとって積分可能な方程式を導く．特に

$$lP + mQ + nR = 0$$

になれば

$$l\,dx + m\,dy + n\,dz = 0$$

であるから，これが積分可能となるように，l, m, n を選ぶことを試みる．

5.2 連立微分方程式

● **より理解を深めるために**

例題 5.2 ─────────────────── 連立微分方程式 ─

次の連立微分方程式を解け.

(1) $\begin{cases} 2yzdx + x(zdy + ydz) = 0 & \text{①} \\ ydx - x^2zdy + ydz = 0 & \text{②} \end{cases}$

(2) $\dfrac{dx}{y^2 - z^2} = \dfrac{dy}{y - 2z} = \dfrac{dz}{z - 2y}$

【解】 (1) p.56 の定理 5.2 により, ① は積分可能であるが, ② は積分でない. よって, p.58 の解法 IV を用いる. まず ① の両辺を xyz で割ると,

$$\frac{2}{x}dx + \frac{1}{y}dy + \frac{1}{z}dz = 0 \qquad \therefore \quad x^2yz = C_1$$

次に ② で変数の 1 つ y を消去するために ① $\times x +$ ② を計算し, 両辺を y で割ると,

$$(2xz + 1)dx + (x^2 + 1)dz = 0$$

これは p.12 の定理 2.1 により, 完全微分方程式である. よって, p.12 の ⑧ により

$$\int (2xz+1)dx + \int \left\{ (x^2+1) - \frac{\partial}{\partial z}\int (2xz+1)dx \right\} dz = C_2$$

$$\therefore \quad x^2z + x + z = C_2$$

ゆえに求める一般解は $x^2yz = C_1$, $x^2z + x + z = C_2$ である.

(2) $\qquad (y - 2z)dx - (y^2 - z^2)dy = 0, \quad (z - 2y)dx - (y^2 - z^2)dz = 0$

は 2 つとも p.56 の定理 5.2 より積分可能でない. よって p.56 の解法 V を用いる.

いま, $l = 1, m = -y, n = z$ とすると,

$$(y^2 - z^2) - y(y - 2z) + z(z - 2y) = 0 \quad \text{より} \quad dx - ydy + zdz = 0$$

これより, $2x - y^2 + z^2 = C_1$ を得る. 次に第 2 式, 第 3 式に注目して, $l = 0, m = 1, n = 1$ の場合, および $l = 0, m = 1, n = -1$ の場合を考えて,

$$\frac{dx}{y^2 - z^2} = \frac{dy}{y - 2z} = \frac{dz}{z - 2y} = \frac{dy + dz}{-(y + z)} = \frac{dy - dz}{3(y - z)}$$

をつくる. 第 4 式, 第 5 式から $-\log(y + z) = \log(y - z)/3 + C_2'$ すなわち $(y + z)^3(y - z) = C_2$. したがって求める一般解は

$$2x - y^2 + z^2 = C_1, \quad (y + z)^3(y - z) = C_2$$

問 5.2 次の連立微分方程式を解け.

(1) $\begin{cases} dx + 2dy - (x + 2y)dz = 0 & \cdots \text{①} \\ 2dx + dy + (x - y)dz = 0 & \cdots \text{②} \end{cases}$

(2) $\dfrac{dx}{y - z} = \dfrac{dy}{z - x} = \dfrac{dz}{y - x}$

演 習 問 題

---問題 5.1----------------------------------連立微分方程式---

連立微分方程式 $\dfrac{dx}{2x(z-y)} = \dfrac{dy}{y^2+z^2-xz} = \dfrac{dz}{xy-y^2-z^2}$ を解け.

【解】 $(y^2+z^2-xz)dx - 2x(z-y)dy = 0$ は, p.56 の定理 5.2 において, $W = (y^2+z^2-xz)(-2x) + (-2xz+2xy)x \neq 0$ となるので積分可能でない. $(xy-y^2-z^2)dy - (y^2+z^2-xz)dz = 0$ も同様である. よって, p.58 の解法 V を用いる.

$l \cdot 2x(z-y) + m(y^2+z^2-xz) + n(xy-y^2-z^2) = 0$ となるような l, m, n を求める. $2l-m=0, m=n$ を満たすような l, m, n は多くあるが, 例えば $l=1$ とすると $m=n=2$ となる.
$$\frac{dx}{2x(z-y)} = \frac{dx+2dy+2dz}{0}$$
よって, $dx+2dy+2dz = 0$ ∴ $x+2y+2z = C_1$. 次に,
$$\frac{dx}{2x(z-y)} = \frac{dy}{y^2+z^2-xz} = \frac{dz}{xy-y^2-z^2} = \frac{ydy+zdz}{(y-z)(y^2+z^2)}$$
第 1 式と第 4 式より
$$\frac{dx}{-x} = \frac{2ydy+2zdz}{y^2+z^2}, \quad -\log x = \log(y^2+z^2) + C_2' \qquad \therefore \quad x(y^2+z^2) = C_2$$
よって, 求める一般解は, $x+2y+2z = C_1, \ x(y^2+z^2) = C_2$

❧❧❧❧❧❧❧❧❧❧❧❧❧❧❧❧❧❧❧❧❧❧❧

演習 5.1 次の連立微分方程式を解け.
(1) $\dfrac{dx}{y} = \dfrac{dy}{-x} = \dfrac{dz}{2x-3y}$ 　　(2) $\dfrac{dx}{4y-3z} = \dfrac{dy}{4x-2z} = \dfrac{dz}{2y-3x}$

(3) $\dfrac{dx}{yz} = \dfrac{dy}{xz} = \dfrac{dz}{xy}$ 　　(4) $\dfrac{dx}{x(y^3-z^3)} = \dfrac{dy}{y(z^3-x^3)} = \dfrac{dz}{z(x^3-y^3)}$

演習 5.2 次の連立微分方程式を解け.
(1) $\begin{cases} (y+z)dx + (z+x)dy + (x+y)dz = 0 & \cdots ① \\ (x+z)dx + \quad\quad ydy + \quad\quad xdz = 0 & \cdots ② \end{cases}$

(2) $\begin{cases} yzdx + xzdy + \quad\quad\quad xydz = 0 & \cdots ① \\ z^2(dx + \quad dy) + (xz+yz-xy)dz = 0 & \cdots ② \end{cases}$

演習 5.3 次の全微分方程式を解け.
(1) $2(y+z)dx - (x+z)dy + (2y-x+z)dz = 0$
(2) $(y^2-yz)dx + (x^2+xz)dy + (y^2+xy)dz = 0$

問の解答（第5章）

問 5.1 (1) p.56 の定理 5.2 により積分可能であることを示し，p.56 の解法 I を用いる．次に p.12 の解法 2.6 を用いる．$(xy^2 + yz^2)z^2 = C$
(2) p.56 の定理 5.2 により積分可能であることを示し，p.56 の解法 I を用いる．$xy+x+2y = Cz$
(3) p.56 の定理 5.2 により積分可能であることを示し，p.56 の解法 II を用いる．$y = ke^{x/z}$
(4) p.56 の定理 5.2 により積分可能であることを示し，p.56 の解法 II を用いる．
$xy = C(y^2 + z^2)$

問 5.2 (1) p.56 の定理 5.2 により，①は積分可能であるが，②は積分可能でない．p.58 の解法 IV を用いる．$z + \log x = C_1$, $\dfrac{x^2}{2} + xy = C_2$
(2) p.56 の定理 5.2 により，$(z-x)dx - (y-z)dy = 0$, $(y-x)dx - (y-z)dz = 0$ はともに積分可能でない．p58 の解法 V を用いる．$l = m = 1, n = 0$ とせよ．
$z + C_1 = x + y$, $(z-y)(z-x) = C_2$

演習問題解答（第5章）

演習 5.1 (1) p.56 の定理 5.2 により積分可能でない．$\dfrac{dx}{y} = \dfrac{dy}{-x}$ を解け．次に $l = 3, m = 2, n = 1$ として p.58 の解法 V を用いよ．$x^2 + y^2 = C_1$, $3x + 2y + z = C_2$
(2) p.56 の定理 5.2 により積分可能でない．$l = 2, m = -3, n = -4$ とおけ．次に $l : m : n = x : (-y) : (-z)$ とおけ．$2x - 3y - 4z = C_1$, $x^2 - y^2 - z^2 = C_2$
(3) p.56 の定理 5.2 により積分可能でない．$l = x, m = -y, n = 0$ とおけ．次に $l = x, m = 0, n = -z$ とおけ．$x^2 - y^2 = C_1$, $x^2 - z^2 = C_2$
(4) $\dfrac{dx}{x(y^3 - z^3)} = \dfrac{x^2 dx + y^2 dy + z^2 dz}{0} = \dfrac{(1/x)dx + (1/y)dy + (1/z)dz}{0}$ より，
$x^3 + y^3 + z^3 = C_1$, $xyz = C_2$

演習 5.2 (1) p.56 の定理 5.2 により①, ②とも積分可能である．
$xy + yz + zx = C_1$, $x^2 + y^2 + 2xz = C_2$
(2) p.56 の定理 5.2 により①は積分可能，②は積分可能でない．p.58 の解法 IV を用いよ．
①より $xyz = C_1$, また，$xy + yz + zx = C_2$

演習 5.3 (1) p.56 の定理 5.2 により積分可能である．x, y, z に関して 1 次の同次式より p.56 の解法 II を用いる．$(x+z)^2 = C(y+z)$
(2) p.56 の定理 5.2 により積分可能である．x, y, z に関して 2 次の同次式より p.56 の解法 II を用いる．$y(x+z) = C(x+y)$

6 偏微分方程式

6.1 1階偏微分方程式

◆ **偏微分方程式の解** z が x, y の関数であるとき，$x^2 \left(\dfrac{\partial z}{\partial x}\right)^2 - y \dfrac{\partial z}{\partial y} = 0$ のように，z の偏導関数と x, y, z を含む等式を **偏微分方程式** という．上式のように1階の偏導関数しか含まなければ，**1階偏微分方程式** と呼ばれる．与えられた偏微分方程式を満足する関数 $z(x, y)$ をその方程式の **解** といい，その解を求めることをその方程式を **解く** という．

◆ **偏微分方程式の解には任意関数を含むものがある** 例えば1階偏微分方程式

$$x \frac{\partial z}{\partial y} - y \frac{\partial z}{\partial x} = 0 \qquad \text{①}$$

を考えると，$z = x^2 + y^2$ は①の解である．また $\varphi(t)$ を t の任意の関数とすれば，関数 $z = \varphi(x^2 + y^2)$ もまた①の解である．なぜならば $x^2 + y^2 = t$ とおくと，

$$\frac{\partial z}{\partial x} = \frac{d\varphi}{dt} \frac{\partial t}{\partial x} = 2x \varphi'(t), \qquad \frac{\partial z}{\partial y} = \frac{d\varphi}{dt} \frac{\partial t}{\partial y} = 2y \varphi'(t)$$

となり，これも①を満足する．このように偏微分方程式の解には任意関数を含むものがある．これが常微分方程式と著しく異なる点である．

◆ **偏微分方程式の解の種類と解法** 1階偏微分方程式の解には次のようなものがある．
 (i) **完全解**：2つの任意定数を含む解 $F(x, y, z, a, b) = 0$ を **完全解** という．
 (ii) **一般解**：1つの任意関数を含む解を **一般解** という．
    解法：与えられた偏微分方程式の完全解 $F(x, y, z, a, b) = 0$ がわかっており，a, b の間には関数関係 $b = \varphi(a)$（φ は任意関数）が存在するものとする．このとき，$\dfrac{\partial F}{\partial a} + \dfrac{\partial F}{\partial b} \varphi'(a) = 0$，$b = \varphi(a)$ および $F(x, y, z, a, b) = 0$ とから a を消去すると一般解が得られる．
 (iii) **特異解**：(i), (ii)のどちらにも含まれない解を **特異解** という（これは必ずしも存在しない）．
    解法：完全解 $F(x, y, z, a, b) = 0$ および $\dfrac{\partial F}{\partial a} = 0$，$\dfrac{\partial F}{\partial b} = 0$ の3式から，a, b を消去すれば特異解が得られる．

6.1 1階偏微分方程式

● **より理解を深めるために**

━━ 例題 6.1 ━━━━━━━━ 1階偏微分方程式の解 (完全解, 一般解, 特異解) ━━

1階偏微分方程式

$$z^2\left\{\left(\frac{\partial z}{\partial x}\right)^2 + \left(\frac{\partial z}{\partial y}\right)^2 + 1\right\} = 1 \qquad ①$$

に対し, $(x-a)^2 + (y-b)^2 + z^2 = 1$ (a, b は任意定数) ②

は完全解であることを示せ. また一般解, 特異解を求めよ.

【解】 $(x-a)^2 + (y-b)^2 + z^2 = 1$ ②

を x, y について偏微分すると,

$$(x-a) + z\frac{\partial z}{\partial x} = 0 \quad \cdots ③ \qquad (y-b) + z\frac{\partial z}{\partial y} = 0 \quad \cdots ④$$

となる. ②と③を④に代入して, a, b を消去すると,

$$z^2\left\{\left(\frac{\partial z}{\partial x}\right)^2 + \left(\frac{\partial z}{\partial y}\right)^2 + 1\right\} = 1$$

となる. すなわち②は①の解であり, 任意定数を2つもつので, ②は①の完全解である. 次に①の一般解を求める. ②において, $b = \varphi(a)$ (φ は任意関数) として, a について偏微分すると,

$$(x-a) + (y-b)\varphi'(a) = 0 \qquad ⑤$$

となる. ②と⑤と $b = \varphi(a)$ から a, b を消去したものが一般解である.

最後に①の特異解を求める. 与えられた偏微分方程式①の完全解

$$(x-a)^2 + (y-b)^2 + z^2 = 1$$

を a と b で偏微分すれば, それぞれ次のようになる.

$$-2(x-a) = 0, \quad -2(y-b) = 0$$

これらを上記②に代入すると, $z^2 = 1$ すなわち $z = \pm 1$ となる. これが特異解である.

(解答は章末の p.78 以降に掲載されています.)

問 6.1 例題 6.1 の一般解で, 特に $\varphi(a) = ma + n$ としたときの一般解は,

$$(mx - y - n)^2 = (1 - z^2)(1 + m^2)$$

となることを示せ.

問 6.2 次の各式から a, b を消去して, それらを完全解とする偏微分方程式を求めよ. またその一般解を求めよ.

(1) $z = ax + by$ (2) $z = x^2 + a^2x + ay + b$

6 偏微分方程式

◆ **1 階偏微分方程式の標準形** 特別な工夫によって積分できるものを列挙しよう．

標準形 I
$$f\left(\frac{\partial z}{\partial x}, \frac{\partial z}{\partial y}\right) = 0$$

の形の偏微分方程式を**標準形 I** という．$\frac{\partial z}{\partial x} = a,\ \frac{\partial z}{\partial y} = b$ とおき，$f(a,b) = 0$ を満足する関数 $b = \varphi(a)$ が定まったとき，

完全解：$z = ax + \varphi(a)y + c$ が完全解 （a, c は任意定数）

一般解：$\begin{cases} z = ax + \varphi(a)y + \psi(a) \\ x + \varphi'(a)y + \psi'(a) = 0 \end{cases}$ から a を消去した式が一般解
（ψ は任意関数）

標準形 II (i)
$$f\left(x, \frac{\partial z}{\partial x}, \frac{\partial z}{\partial y}\right) = 0$$

の形の偏微分方程式を**標準形 II (i)** という．$\frac{\partial z}{\partial y} = a$ とおき，$f\left(x, \frac{\partial z}{\partial x}, a\right) = 0$ を満足する関数 $\frac{\partial z}{\partial x} = F(x, a)$ が定まったとき，

完全解：$z = \int F(x,a)\,dx + ay + b$ が完全解 （a, b は任意定数）

一般解：$\begin{cases} z = \int F(x,a)\,dx + ay + \psi(a) \\ \dfrac{\partial}{\partial a}\int F(x,a)\,dx + y + \psi'(a) = 0 \end{cases}$ から a を消去した式が一般解
（ψ は任意関数）

標準形 II (ii)
$$f\left(z, \frac{\partial z}{\partial x}, \frac{\partial z}{\partial y}\right) = 0$$

の形の偏微分方程式を**標準形 II (ii)** という．$f(z, t, at) = 0$ を満足する関数 $t = F(z, a) \neq 0$ が定まったとき，

完全解：$x + ay + b = \displaystyle\int \frac{dz}{F(z,a)}$ が完全解 （a, b は任意定数）

一般解：$\begin{cases} x + ay + \psi(a) = \displaystyle\int \dfrac{dz}{F(z,a)} \\ y + \psi'(a) = \dfrac{\partial}{\partial a}\displaystyle\int \dfrac{dz}{F(z,a)} \end{cases}$ から a を消去した式が一般解
（ψ は任意関数）

追記 6.1 $f\left(y, \dfrac{\partial z}{\partial x}, \dfrac{\partial z}{\partial y}\right) = 0$ の形のときは $\dfrac{\partial z}{\partial x} = a$ とおいて同様に考えよ．

6.1　1階偏微分方程式

● **より理解を深めるために**

---**例題 6.2**------------------**1階偏微分方程式 (標準形 I)**---

次の偏微分方程式を解け．

(1) $\dfrac{\partial z}{\partial x}\dfrac{\partial z}{\partial y} = \dfrac{\partial z}{\partial x} + \dfrac{\partial z}{\partial y}$　　(2) $x^2\left(\dfrac{\partial z}{\partial x}\right)^2 - \dfrac{\partial z}{\partial y} = 0$

【解】(1) p.64 の標準形 I を用いる．$\dfrac{\partial z}{\partial x} = a$, $\dfrac{\partial z}{\partial y} = b$ とおき，$ab = a+b$ を満足するように定数 a, b を定めると，$b = \dfrac{a}{a-1}$ となる．よって完全解は

$$z = ax + \frac{a}{a-1}y + c \quad (a, c\text{ は任意定数})$$

次に一般解は $\left(\dfrac{a}{a-1}\right)' = \dfrac{(a-1)-a}{(a-1)^2} = \dfrac{-1}{(a-1)^2}$ であるので

$$\begin{cases} z = ax + \dfrac{a}{a-1}y + \psi(a) \\ x - \dfrac{1}{(a-1)^2}y + \psi'(a) = 0 \end{cases} \quad (\psi\text{ は任意関数})$$

から a を消去した式である．

(2) $x = e^X$ とおくと，$\dfrac{\partial z}{\partial X} = x\dfrac{\partial z}{\partial x}$ より $\left(\dfrac{\partial z}{\partial X}\right)^2 - \dfrac{\partial z}{\partial y} = 0$ となり p.64 の標準形 I の形になる．よって2つの定数 a, b を $a^2 - b = 0$ を満足するように定める．よって求める完全解は $X = \log x$ だから，

$$z = aX + a^2 y + c = a\log x + a^2 y + c \quad (a, c\text{ は任意定数})$$

また一般解は

$$\begin{cases} z = a\log x + a^2 y + \psi(a) \\ \log x + 2ay + \psi'(a) = 0 \end{cases} \quad (\psi\text{ は任意関数})$$

から a を消去したものである．

問 6.3[†]　次の偏微分方程式を解け．

(1) $x^2\left(\dfrac{\partial z}{\partial x}\right)^2 - y\dfrac{\partial z}{\partial y} = 0$　　(2) $\left(\dfrac{\partial z}{\partial x}\right)^2 = \dfrac{\partial z}{\partial y}z$

[†]　(1) $x = e^X, y = e^Y$ とおけ．(2) 両辺を z^2 で割り，$z = e^Z$ とおけ．

● より理解を深めるために

──例題 6.3────────────────────── 1 階偏微分方程式 (標準形 II(i))──

次の偏微分方程式を解け.

(1) $\dfrac{\partial z}{\partial x} = x\dfrac{\partial z}{\partial y}$ 　　(2) $\left(\dfrac{\partial z}{\partial x}\right)^2 = y\dfrac{\partial z}{\partial y}$

【解】 (1) $\dfrac{\partial z}{\partial y} = a$ とおけば, 与式に代入して $\dfrac{\partial z}{\partial x} = ax$ であるので, 求める完全解は, 1 階偏微分方程式の標準形 II (i) の形である.

$$z = \int ax\,dx + ay + b = \frac{1}{2}ax^2 + ay + b \quad (a, b \text{ は任意定数})$$

次に一般解は

$$\begin{cases} z = \dfrac{1}{2}ax^2 + ay + \psi(a) \\ \dfrac{1}{2}x^2 + y + \psi'(a) = 0 \end{cases} \text{から } a \text{ を消去したものである } (\psi \text{ は任意関数})$$

(2) 1 階偏微分方程式の標準形 II (i) で x の代わりに y とした形である (⇨ p.64 の追記 6.1).

$\dfrac{\partial z}{\partial x} = a$ とおくと, 与えられた偏微分方程式は $\dfrac{dz}{dy} = \dfrac{a^2}{y}$ となる. よって完全解は

$$z = \int \dfrac{a^2}{y}dy + ax + b = a^2 \log y + ax + b \quad (a, b \text{ は任意定数})$$

一般解は

$$\begin{cases} z = a^2 \log y + ax + \psi(a) \\ 2a \log y + x + \psi'(a) = 0 \end{cases} \text{から } a \text{ を消去したものである } (\psi \text{ は任意関数})$$

問 **6.4**† 次の偏微分方程式を解け.

(1) $\sqrt{\dfrac{\partial z}{\partial x}} - \sqrt{\dfrac{\partial z}{\partial y}} = x$ 　　(2) $1 + \dfrac{\partial z}{\partial y} = 2y\left(\dfrac{\partial z}{\partial x}\right)^n$ 　　(n は自然数)

---

† (1) $\sqrt{\dfrac{\partial z}{\partial y}} = a$ とおけ. 　(2) $\dfrac{\partial z}{\partial x} = a$ とおけ. (⇨ p.64 の追記 6.1)

● より理解を深めるために

例題 6.4 ─────────────── 1 階偏微分方程式 (標準形 II (ii)) ───

偏微分方程式 $z^2\left\{\left(\dfrac{\partial z}{\partial x}\right)^2+\left(\dfrac{\partial z}{\partial y}\right)^2+1\right\}=1$ の完全解を求めよ．

【解】 p.64 の標準形 II (ii) を用いる．

$$f\left(z,\dfrac{\partial z}{\partial x},\dfrac{\partial z}{\partial y}\right)=z^2\left\{\left(\dfrac{\partial z}{\partial x}\right)^2+\left(\dfrac{\partial z}{\partial y}\right)^2+1\right\}-1=0$$

$$f(z,t,at)=z^2(t^2+a^2t^2+1)-1=0$$

これを t について解くと，

$$t=\pm\dfrac{\sqrt{1-z^2}}{z\sqrt{1+a^2}}$$

となる．よって求める完全解は，

$$x+ay+b=\pm\int\dfrac{z\sqrt{1+a^2}}{\sqrt{1-z^2}}dz=\mp\sqrt{1+a^2}\sqrt{1-z^2}$$

ゆえに，両辺を 2 乗して，

$$(x+ay+b)^2=(1+a^2)(1-z^2) \quad (a,b\text{ は任意定数}) \qquad ①$$

追記 6.2 p.63 の例題 6.1 の ② とこの例題 6.4 の ① は一見異なるが，次のように計算すると同じ形になる．上記 ① において，$b=-\alpha-\beta a$ (α,β は任意定数) とおけば，

$$(x+ay-\alpha-\beta a)^2=(1+a^2)(1-z^2) \qquad ②$$

これを a について偏微分すると，

$$(x+ay-\alpha-\beta a)(y-\beta)=a(1-z^2) \qquad ③$$

② と ③ を辺々割り算をしてから a について解くと，$a=\dfrac{y-\beta}{x-\alpha}$．これを ③ に代入すると

$$\left\{x-\alpha+\dfrac{y-\beta}{x-\alpha}(y-\beta)\right\}(y-\beta)=\dfrac{y-\beta}{x-a}(1-z^2)$$

$$\therefore \quad (x-\alpha)^2+(y-\beta)^2+z^2=1 \quad (\alpha,\beta\text{ は任意定数})$$

これは 1 つの完全解である．

問 6.5 次の偏微分方程式の完全解を求めよ．

(1) $\left(\dfrac{\partial z}{\partial x}\right)^3+\left(\dfrac{\partial z}{\partial y}\right)^3=27z^3$ 　　(2)† $x^2\left(\dfrac{\partial z}{\partial x}\right)^2+y^2\left(\dfrac{\partial z}{\partial y}\right)^2=z$

---

† (2) $x=e^X$, $y=e^Y$ とおけ．

標準形 III (変数分離形)　　$f\left(x, \dfrac{\partial z}{\partial x}\right) = g\left(y, \dfrac{\partial z}{\partial y}\right)$

の形の偏微分方程式を**標準形 III (変数分離形)** という．
$f\left(x, \dfrac{\partial z}{\partial x}\right) = a,\ g\left(y, \dfrac{\partial z}{\partial y}\right) = a$ を満足する $\dfrac{\partial z}{\partial x} = P(x,a),\ \dfrac{\partial z}{\partial y} = Q(y,a)$ が定まったとき

完全解：$z = \displaystyle\int P(x,a)dx + \int Q(y,a)dy + b$ が完全解　　(a, b は任意定数)

一般解：$\begin{cases} z = \displaystyle\int P(x,a)dx + \int Q(y,a)dy + \psi(a) \\ \dfrac{\partial}{\partial a}\displaystyle\int P(x,a)dx + \dfrac{\partial}{\partial a}\int Q(y,a)dy + \psi'(a) = 0 \end{cases}$
　　　　　から a を消去した式が一般解 (ψ は任意関数)

特異解は存在しない．

標準形 IV (クレロー型)　　$z = \dfrac{\partial z}{\partial x}x + \dfrac{\partial z}{\partial y}y + f\left(\dfrac{\partial z}{\partial x}, \dfrac{\partial z}{\partial y}\right)$

の形の偏微分方程式を**標準形 IV (クレロー型の偏微分方程式)** という．

完全解：$z = ax + by + f(a,b)$ が完全解　　(a, b は任意定数)

一般解：$\begin{cases} z = ax + \psi(a)y + f(a, \psi(a)) \\ x + \psi'(a)y + f_a(a, \psi(a)) + f_b(a, \psi(a))\psi'(a) = 0 \end{cases}$
　　　　　から a を消去した式が一般解 (ψ は任意関数)

特異解：$\begin{cases} z = ax + by + f(a,b) \\ x + f_a(a,b) = 0 \\ y + f_b(a,b) = 0 \end{cases}$　　から a, b を消去した式が特異解

◆ ラグランジュの偏微分方程式 (準線形偏微分方程式)

$$P(x,y,z)\dfrac{\partial z}{\partial x} + Q(x,y,z)\dfrac{\partial z}{\partial y} = R(x,y,z)$$

を**ラグランジュの偏微分方程式** (準線形偏微分方程式) という．まず，連立微分方程式

$$\dfrac{dx}{P} = \dfrac{dy}{Q} = \dfrac{dz}{R} \quad (\Rightarrow \text{p.58}) \tag{①}$$

の 2 つの解 $u(x,y,z) = a,\ v(x,y,z) = b$ を求め，任意の 2 変数の関数 f に対して，$f(u,v) = 0$ (または $u = F(v)$，F は任意関数) が求める**一般解**である (a, b は任意定数)

上記 ① を与えられた準線形偏微分方程式の**補助方程式**という．

● より理解を深めるために

例題 6.5 ────────────── 1 階偏微分方程式 (標準形 III) ──

次の偏微分方程式を解け．
$$\frac{\partial z}{\partial y}\left(\frac{\partial z}{\partial x} + \sin x\right) = -\sin y$$

【解】 $\dfrac{\partial z}{\partial x} + \sin x = -\dfrac{\sin y}{\dfrac{\partial z}{\partial y}}$ と変形すると標準形 III (変数分離形) である．よって，p.68 の標準型 III の方法にしたがって解く．

$$\frac{\partial z}{\partial x} + \sin x = a, \quad -\sin y \Big/ \frac{\partial z}{\partial y} = a$$

とおくと，

$$\frac{\partial z}{\partial x} = a - \sin x, \quad \frac{\partial z}{\partial y} = -\frac{1}{a}\sin y$$

となる．よって求める完全解は，a, b を任意定数として，

$$z = \int (a - \sin x)dx + \int \left(-\frac{1}{a}\sin y\right)dy + b$$
$$= ax + \cos x + \frac{1}{a}\cos y + b$$

である．また一般解は，

$$\begin{cases} z = ax + \cos x + \dfrac{\cos y}{a} + \psi(a) \\ x - \dfrac{\cos y}{a^2} + \psi'(a) = 0 \end{cases}$$

から a を消去したものである (ψ は任意関数)．

問 6.6[†]　次の偏微分方程式を解け．
 (1) $\dfrac{\partial z}{\partial x} - x = \dfrac{\partial z}{\partial y} + y$ 　　(2) $\dfrac{\partial z}{\partial x}\left(\dfrac{\partial z}{\partial y} - \cos y\right) = \cos x$
 (3) $\dfrac{\partial z}{\partial x} - \dfrac{\partial z}{\partial y} = x^2 + y^2$

[†]　標準形 III (変数分離形) である．

● より理解を深めるために

例題 6.6 ─────────────── 1 階偏微分方程式 (標準形 IV) ──

次の偏微分方程式を解け.

$$z = x\frac{\partial z}{\partial x} + y\frac{\partial z}{\partial y} + \left(\frac{\partial z}{\partial x}\right)^2 + \frac{\partial z}{\partial x}\frac{\partial z}{\partial y} + \left(\frac{\partial z}{\partial y}\right)^2$$

【解】 与えられた偏微分方程式は標準形 IV (クレロー型) であるから p.68 の標準形 IV の方法にしたがって解く. まず完全解は a, b を任意定数として,

$$z = ax + by + a^2 + ab + b^2$$

となる. 次に一般解は, ψ を任意関数として,

$$\begin{cases} z = ax + \psi(a)y + a^2 + a\psi(a) + (\psi(a))^2 \\ x + \psi'(a)y + 2a + \psi(a) + a\psi'(a) + 2\psi(a)\psi'(a) = 0 \end{cases}$$

から a を消去したものである. さらに特異解は

$$\begin{cases} z = ax + by + a^2 + ab + b^2 & ① \\ x + 2a + b = 0 & ② \\ y + a + 2b = 0 & ③ \end{cases}$$

から a, b を消去したものである. ①, ②, ③から a, b を消去するために,

$$② - ③ \times 2 \quad x - 2y - 3b = 0 \quad \therefore\ b = \frac{x - 2y}{3}$$

$$② \times 2 - ③ \quad 2x - y + 3a = 0 \quad \therefore\ a = \frac{y - 2x}{3}$$

これらを①に代入すると,

$$z = -\frac{x^2 - xy + y^2}{3}$$

となる. これが与えられた偏微分方程式の特異解である.

問 6.7[†] 次の偏微分方程式を解け.

(1) $z = \dfrac{\partial z}{\partial x}x + \dfrac{\partial z}{\partial y}y + \dfrac{\partial z}{\partial x}\dfrac{\partial z}{\partial y}$

(2) $z = \dfrac{\partial z}{\partial x}x + \dfrac{\partial z}{\partial y}y + \sqrt{\left(\dfrac{\partial z}{\partial x}\right)^2 + \left(\dfrac{\partial z}{\partial y}\right)^2 + 1}$

[†] 標準形 IV (クレロー型) の偏微分方程式である.

● より理解を深めるために

例題 6.7 ─────────── ラグランジュの偏微分方程式 ─

次のラグランジュの偏微分方程式の一般解を求めよ．

$$(y+z)\frac{\partial z}{\partial x} + (z+x)\frac{\partial z}{\partial y} = x+y$$

【解】 与えられた偏微分方程式はラグランジュの偏微分方程式であるので，p.68 の方法にしたがって解く．補助方程式は

$$\frac{dx}{y+z} = \frac{dy}{z+x} = \frac{dz}{x+y}$$

これらの各辺は $\dfrac{d(x-y)}{-(x-y)} = \dfrac{d(y-z)}{-(y-z)} = \dfrac{d(x+y+z)}{2(x+y+z)}$ に等しい．

第1式と第2式より，

$$\log(x-y) - \log(y-z) = a_1 \quad \therefore \quad \frac{x-y}{y-z} = a \quad (e^{a_1} = a) \qquad ①$$

次に第1式と第3式より，$\dfrac{d(x+y+z)}{x+y+z} + \dfrac{2d(x-y)}{x-y} = 0$

よって， $\log(x+y+z) + \log(x-y)^2 = b_1$

$$\therefore \quad (x+y+z)(x-y)^2 = b \quad (e^{b_1} = b) \qquad ②$$

したがって，①，② より求める一般解は，

$$f\left(\frac{x-y}{y-z},\, (x-y)^2(x+y+z)\right) = 0 \quad (f は任意関数)$$

注意 6.1 P, Q, R, l, m, n を x, y, z の関数とするとき，次式が成立する（⇨ p.58 の③）．

$$\frac{dx}{P} = \frac{dy}{Q} = \frac{dz}{R} = \frac{ldx + mdy + ndz}{lP + mQ + nR}$$

問 6.8 次のラグランジュの偏微分方程式の一般解を求めよ．

(1) $x(y-z)\dfrac{\partial z}{\partial x} + y(z-x)\dfrac{\partial z}{\partial y} = z(x-y)$

(2) $x\dfrac{\partial z}{\partial x} + z\dfrac{\partial z}{\partial y} = y$

6.2 2階偏微分方程式

◆ **2階線形偏微分方程式** R, S, T, P, Q, Z, U を x, y の関数とするとき，

$$R\frac{\partial^2 z}{\partial x^2} + S\frac{\partial^2 z}{\partial x \partial y} + T\frac{\partial^2 z}{\partial y^2} + P\frac{\partial z}{\partial x} + Q\frac{\partial z}{\partial y} + Zz = U$$

を2階線形偏微分方程式という．この2階線形偏微分方程式のうち簡単なものの一般解 (任意関数を2個含む解) を求める．ここでは任意関数を f, g とする．

基本形 I (直接積分できる形)

$\frac{\partial^2 z}{\partial x^2} = P(x)$ の形の場合．x について2回積分すると，次のような一般解を得る．

$$\frac{\partial z}{\partial x} = \int P(x)dx + f(y), \quad z = \int dx \int P(x)dx + f(y)x + g(y)$$

基本形 II (階数を下げて，1階線形常微分方程式に帰着できる形)

$\frac{\partial^2 z}{\partial x^2} + P(x, y)\frac{\partial z}{\partial x} = Q(x, y)$ の形の場合．

y を定数とみれば $\frac{\partial z}{\partial x}$ に関する1階線形常微分方程式であるから，

$$\frac{\partial z}{\partial x} = \exp\left(-\int Pdx\right)\left(\int Qe^{\int Pdx}dx + f(y)\right) \text{ となり，さらに } x \text{ で積分して，}$$

$$z = \int \left\{\exp\left(-\int Pdx\right)\left(\int Qe^{\int Pdx}dx + f(y)\right)\right\}dx + g(y)$$

基本形 III (階数を下げて，ラグランジュの偏微分方程式に帰着できる形)

$R\frac{\partial^2 z}{\partial x^2} + S\frac{\partial^2 z}{\partial x \partial y} + P\frac{\partial z}{\partial x} = U$ (R, S, P, U は x, y の関数) の形の場合．

$\frac{\partial z}{\partial x} = p$ とすると，$R\frac{\partial p}{\partial x} + S\frac{\partial p}{\partial y} = U - Pp$. これはラグランジュの偏微分方程式と考えられる．これを解いて $p\left(=\frac{\partial z}{\partial x}\right)$ を求めて，さらに x で積分すればよい．

基本形 IV (2階線形常微分方程式に帰着できる形)

$R\frac{\partial^2 z}{\partial x^2} + P\frac{\partial z}{\partial x} + Zz = U$ (R, P, Z, U は x, y の関数) の形の場合．

y を定数とみれば，z に関する2階線形常微分方程式と考えられる．その一般解を求めて，そのうちの任意定数を y の任意関数と考えればそれが求める解である．

6.2 2階偏微分方程式

● より理解を深めるために

―― 例題 6.8 ―――――――――― 2階線形偏微分方程式 (基本形 II, III, IV) ――

次の 2 階線形偏微分方程式の一般解を求めよ．

(1) $y\dfrac{\partial^2 z}{\partial y^2} + \dfrac{\partial z}{\partial y} = xy$ (2) $\dfrac{\partial^2 z}{\partial x \partial y} + \dfrac{\partial^2 z}{\partial y^2} + \dfrac{\partial z}{\partial y} = 0$

(3) $\dfrac{\partial^2 z}{\partial y^2} - 2x\dfrac{\partial z}{\partial y} + x^2 z = 1$

【解】 (1) p.72 の基本形 II の場合である．x を定数と考えれば，$\dfrac{\partial z}{\partial y}$ に関する 1 階線形常微分方程式であるから，p.12 の解法 2.5 により，

$$\dfrac{\partial z}{\partial y} = e^{-\int 1/y\,dx} \left\{ \int e^{\int 1/y\,dy} x\,dy + f(x) \right\}$$
$$= \dfrac{1}{y} \left\{ \int yx\,dy + f(x) \right\} = \dfrac{xy}{2} + \dfrac{f(x)}{y}$$

これを y について積分すると，一般解は

$$z = \dfrac{xy^2}{4} + f(x)\log y + g(x) \quad (f, g \text{ は任意関数})$$

(2) p.72 の基本形 III の場合である．$\dfrac{\partial z}{\partial y} = q$ とおくと，$\dfrac{\partial q}{\partial x} + \dfrac{\partial q}{\partial y} = -q$ となる．これは q に関するラグランジュの偏微分方程式 (⇨p.68) である．p.68 の解法より補助方程式は

$$\dfrac{dx}{1} = \dfrac{dy}{1} = \dfrac{dq}{-q} = \dfrac{dx - dy}{0} = \dfrac{q\,dy + dq}{0}$$

となるので，$dx = dy$, $q\,dy = -dq$ を解いて，$x - y = a$, $e^y q = b$ を得る．したがってラグランジュの偏微分方程式の一般解は $q = e^{-y} f(x - y)$ である．

$$\therefore \quad z = \int e^{-y} f(x - y)\,dy + g(x) \quad (f, g \text{ は任意関数})$$

(3) p.72 の基本形 IV の場合である．x を定数とみれば，定数係数の線形常微分方程式 (⇨p.22) であり，$(D_y^2 - 2xD_y + x^2)z = 1$，すなわち $(D_y - x)^2 z = 1$．これの特殊解を求めると $z = 1/x^2$ である．$(D_y - x)^2 z = 0$ の一般解は p.22 の解法 3.1 より，$z = \{C_1(x) + C_2(x)y\}e^{xy}$．ゆえに求める一般解は

$$z = \{C_1(x) + C_2(x)y\}e^{xy} + 1/x^2$$

問 6.9 次の 2 階偏微分方程式の一般解を求めよ．

(1) $\dfrac{\partial^2 z}{\partial x^2} = 2y^3$ (2) $\dfrac{\partial^2 z}{\partial x^2} - \dfrac{\partial^2 z}{\partial x \partial y} + \dfrac{\partial z}{\partial x} = 0$ (3) $x\dfrac{\partial^2 z}{\partial x^2} = \dfrac{\partial z}{\partial x}$

◆ **定数係数の 2 階線形偏微分方程式** 定数係数の線形常微分方程式について，微分演算子を用いた特殊解の解法を 4.2 節 (⇨ p.44) で学んだ．同様のことが偏微分方程式でも考えられる．

$a, \alpha_1, \alpha_2, \beta_1, \beta_2$ $(a \neq 0)$ を実数，$\dfrac{\partial}{\partial x} = D_x$，$\dfrac{\partial}{\partial y} = D_y$ とするとき，

$$F(D_x, D_y)z = a(D_x - \alpha_1 D_y - \beta_1)(D_x - \alpha_2 D_y - \beta_2)z = f(x, y) \quad ①$$

の形の偏微分方程式を**定数係数の 2 階線形偏微分方程式**という．

定理 6.1 (定数係数の 2 階線形偏微分方程式の一般解)
$F(D_x, D_y)z = f(x, y)$ の一般解は $F(D_x, D_y)z = 0$ の一般解 (それを**余関数**という) と $F(D_x, D_y)z = f(x, y)$ の特殊解の和として表される．

定理 6.2 ($F(D_x, D_y)z = 0$ の一般解)
(ⅰ) $(D_x - \alpha D_y - \beta)z = 0$ の一般解は

$$z = e^{\beta x} \varphi(\alpha x + y) \quad (\varphi \text{ は任意関数})$$

(ⅱ) $(D_x - \alpha D_y - \beta)^2 z = 0$ の一般解は

$$z = e^{\beta x} \{ \varphi_1(\alpha x + y) + x \varphi_2(\alpha x + y) \} \quad (\varphi_1, \varphi_2 \text{ は任意関数})$$

(ⅲ) $(D_x - \alpha_1 D_y - \beta_1)(D_x - \alpha_2 D_y - \beta_2)z = 0$ の一般解は，$(D_x - \alpha_1 D_y - \beta_1)z = 0$ の一般解と $(D_x - \alpha_2 D_y - \beta_2)z = 0$ の一般解との和として表される．

定理 6.3 ($F(D_x, D_y)z = f(x, y)$ の特殊解)
(ⅰ) $(D_x - \alpha D_y - \beta)z = f(x, y)$ の特殊解は

$$z = \frac{1}{D_x - \alpha D_y - \beta} f(x, y) = e^{\beta x} \int e^{-\beta x} f(x, k - \alpha x) dx$$

(k を定数とみて積分した後，$k = \alpha x + y$ とおく)

(ⅱ) $F(D_x, D_y)$ が 2 つの因数を含むときは，(ⅰ)の計算をくり返して行えばよい．

注意 6.2 上記①で，$\beta_1 = \beta_2 = 0$ のとき**定数係数の 2 階線形同次偏微分方程式**といい，$\beta_1 \neq 0, \beta_2 \neq 0$ のとき**定数係数の 2 階線形非同次偏微分方程式**という．

6.2 2階偏微分方程式　75

● **より理解を深めるために**

---**例題 6.9**---------------------------------定数係数の 2 階線形偏微分方程式---

次の偏微分方程式の一般解を求めよ．
(1) $(D_x + D_y + 1)(D_x - 2D_y - 1)z = x + y$
(2) $(D_x - 2D_y)(D_x - 3D_y)z = 2x - y$

【解】 (1) p.74 の 3 つの定理を用いる．余関数は，φ_1, φ_2 を任意関数として，$(D_x + D_y + 1)z = 0$ の一般解 $z = e^{-x}\varphi_1(-x+y)$ と，$(D_x - 2D_y - 1)z = 0$ の一般解 $z = e^x \varphi_2(2x + y)$ との和である．次に特殊解を求める．

$$\frac{1}{D_x - 2D_y - 1}(x+y) = e^x \int e^{-x}(x + k - 2x)dx = x + 1 - k$$
$$= 1 - x - y \quad (k \text{ に } y + 2x \text{ を代入})$$

$$\frac{1}{D_x + D_y + 1}(1 - x - y) = e^{-x} \int e^x \{1 - x - (k + x)\}dx$$
$$= 3 - k - 2x = 3 - x - y \quad (k \text{ に } y - x \text{ を代入})$$

ゆえに求める一般解は $z = e^{-x}\varphi_1(-x+y) + e^x\varphi_2(2x+y) + 3 - x - y$

(2) p.74 の 3 つの定理を用いる．φ_1, φ_2 を任意関数として，

$(D_x - 2D_y)z = 0$ の一般解は $\alpha = 2, \beta = 0$ より，$z = \varphi_1(2x + y)$ ①

$(D_x - 3D_y)z = 0$ の一般解は $\alpha = 3, \beta = 0$ より，$z = \varphi_2(3x + y)$ ②

ゆえに余関数は①と②の和である．次に特殊解を求める．

$$\frac{1}{D_x - 3D_y}(2x - y) = \int\{2x - (k - 3x)\}dx = -\frac{1}{2}x^2 - xy \quad (k \text{ に } y + 3x \text{ を代入})$$

$$\frac{1}{D_x - 2D_y}\left(-\frac{1}{2}x^2 - xy\right) = \int\left(\frac{3}{2}x^2 - kx\right)dx = \frac{1}{2}x^3 - \frac{k}{2}x^2 = -\frac{1}{2}x^3 - \frac{x^2 y}{2}$$
$$(k \text{ に } y + 2x \text{ を代入})$$

ゆえに求める一般解は $z = \varphi_1(2x+y) + \varphi_2(3x+y) - x^3/2 - x^2 y/2$

問 6.10 次の偏微分方程式の一般解を求めよ．
(1) $(D_x + 1)(D_x + D_y - 1)z = e^{3x-y}$
(2) $(D_x - D_y)(D_x - 3D_y + 4)z = \sin(3x + y)$
(3) $(D_x - D_y - 2)^2 z = 0$
(4) $(D_x + 2D_y)(D_x - 3D_y)z = x + y$
(5) $(D_x - 3D_y)^2 z = 24x^2 + 18xy$

演 習 問 題

---**問題 6.1**---**1 階偏微分方程式 (標準形 I に帰着)**---

偏微分方程式 $z^2 = xy\dfrac{\partial z}{\partial x}\dfrac{\partial z}{\partial y}$ を解け.

【解】 $x = e^X,\ y = e^Y,\ z = e^Z$ とおけば,

$$\frac{\partial Z}{\partial X} = \frac{\partial Z}{\partial z}\frac{\partial z}{\partial x}\frac{\partial x}{\partial X} = \frac{1}{z}\frac{\partial z}{\partial x}x, \quad \frac{\partial Z}{\partial Y} = \frac{\partial Z}{\partial z}\frac{\partial z}{\partial y}\frac{\partial y}{\partial Y} = \frac{1}{z}\frac{\partial z}{\partial y}y$$

となり, 与えられた偏微分方程式は $\dfrac{\partial Z}{\partial X}\dfrac{\partial Z}{\partial Y} = 1$ となる. これは p.64 の 1 階偏微分方程式の標準形 I の形である.

よって 2 つの定数 a, b を $ab = 1$ を満足するように定めると, $b = 1/a$ となる. ゆえに求める完全解は, $Z = aX + \dfrac{1}{a}Y + c$ となる. すなわち,

$$\log z = a\log x + (1/a)\log y + c \quad (a, c \text{ は任意定数})$$

次に一般解は, $\begin{cases} \log z = a\log x + (1/a)\log y + \psi(a) \\ \log x - (1/a^2)\log y + \psi'(a) \end{cases}$ (ψ は任意関数)

から a を消去したものである.

追記 6.3 適当な変換によって標準形 I の形に帰着できるものを列挙する. ここでは $\dfrac{\partial z}{\partial x} = p,\ \dfrac{\partial z}{\partial y} = q$ と書くことにする.

① $f(xp, q) = 0$ のとき, $x = e^X$ とおく ($\Rightarrow$ p.65 の例題 6.2(2)).
② $f(p, yq) = 0$ のとき, $y = e^Y$ とおく.
③ $f(xp, yq) = 0$ のとき, $x = e^X,\ y = e^Y$ とおく ($\Rightarrow$ p.65 の問 6.3(1)).
④ $f(p/z, q/z) = 0$ のとき, $z = e^Z$ とおく ($\Rightarrow$ p.65 の問 6.3(2)).
⑤ $f(xp/z, q/z) = 0$ のとき, $x = e^X,\ z = e^Z$ とおく.
⑥ $f(p/z, yq/z) = 0$ のとき, $y = e^Y,\ z = e^Z$ とおく.
⑦ $f(xp/z, yq/z) = 0$ のとき, $x = e^X,\ y = e^Y,\ z = e^Z$ とおく ($\Rightarrow$ p.76 の問題 6.1).

❦❦❦❦❦❦❦❦❦❦❦❦❦❦❦❦❦❦❦❦❦❦❦❦❦❦❦❦❦❦

(解答は章末の p.81 に掲載されています.)

演習 6.1[†] 次の偏微分方程式を解け.

(1) $x^2\left(\dfrac{\partial z}{\partial x}\right)^2 = \left(\dfrac{\partial z}{\partial y}\right)yz$ (2) $x^2\left(\dfrac{\partial z}{\partial x}\right)^2 + y^2\left(\dfrac{\partial z}{\partial y}\right)^2 = z^2$

[†] $x = e^X,\ y = e^Y,\ z = e^Z$ とおけ.

問題 6.2 ────────────── 定数係数の 2 階線形偏微分方程式 ─

次の偏微分方程式の一般解を求めよ．
$$(D_x - 1)(D_x - D_y - 1)z = \sin(x+y)$$

【解】 p.74 の 3 つの定理を用いる．余関数は $(D_x - 1)z = 0$ の一般解と $(D_x - D_y - 1)z = 0$ の一般解との和である．よって，

$$z = e^x \varphi_1(y) + e^x \varphi_2(x+y) \quad (\varphi_1, \varphi_2 \text{ は任意関数})$$

次に特殊解を求める．

$$\frac{1}{D_x - D_y - 1} \sin(x+y) = e^x \int e^{-x} \sin(x+k-x) dx$$

$$= e^x \sin k \int e^{-x} dx = e^x \sin k (-e^{-x})$$

$$= -\sin k = -\sin(x+y) \quad (k \text{ に } x+y \text{ を代入})$$

$$\frac{1}{D_x - 1}(-\sin(x+y)) = e^x \int e^{-x}(-\sin(x+k)) dx \quad †$$

$$= -e^x \left[\frac{e^{-x}}{2} \left\{ -\sin(x+k) - \cos(x+k) \right\} \right]$$

$$= \frac{\sin(x+y) + \cos(x+y)}{2} \quad (k \text{ に } y \text{ を代入})$$

ゆえに求める一般解は，

$$z = e^x \varphi_1(y) + e^x \varphi_2(x+y) + \frac{\sin(x+y) + \cos(x+y)}{2}$$

༺༻༺༻༺༻༺༻༺༻༺༻༺༻༺༻༺༻༺༻༺༻༺༻༺༻༺༻༺༻༺༻༺༻༺༻

演習 6.2 次の偏微分方程式の一般解を求めよ（$x = e^X$, $y = e^Y$ とおいて，定数係数の偏微分方程式に直せる場合）．
(1) $(x^2 D_x^2 + 2xy D_x D_y + y^2 D_y^2)z = 0$
(2) $(x^2 D_x^2 + 4xy D_x D_y + 4y^2 D_y^2 + 2y D_y)z = 0$
(3) $(x^2 D_x^2 - 3xy D_x D_y + 2y^2 D_y^2 + 5y D_y - 2)z = 0$
(4) $(x^2 D_x^2 - y^2 D_y^2)z = x^2 y$

演習 6.3 次の偏微分方程式の一般解を求めよ．
(1) $(D_x - D_y)^2 z = x + y$
(2) $(D_x + 2D_y)(D_x - 2D_y)z = \sin(2x+y)$
(3) $(D_x^2 - 2D_x D_y + D_y^2)z = x e^{3x+5y}$

---

† 『基本微分積分』（サイエンス社）の p.85 の公式を用いよ．

問の解答（第 6 章）

問 6.1 p.63 の例題 6.1 の ⑤, ②, $b = ma + n$ から a, b を消去せよ．

問 6.2 (1) $z = ax + by$ を完全解とする偏微分方程式は
$$z = \frac{\partial z}{\partial x}x + \frac{\partial z}{\partial y}y$$
一般解は，
$$\begin{cases} z = ax + by \\ z = ax + \varphi(a)y \\ 0 = x + \varphi'(a)y \end{cases}$$
から a を消去したもの (φ は任意関数)．

(2) $z = x^2 + a^2x + ay + b$ を完全解とする偏微分方程式は
$$\frac{\partial z}{\partial x} = 2x + \left(\frac{\partial z}{\partial y}\right)^2$$
一般解は，
$$\begin{cases} z = x^2 + a^2x + ay + b \\ z = x^2 + a^2x + ay + \varphi(a) \\ 0 = 2ax + y + \varphi'(a) \end{cases}$$
から a を消去したもの (φ は任意関数)．

問 6.3 (1) $x = e^X$, $y = e^Y$ とおく．完全解は
$$z = aX + a^2Y + c \quad (a, c \text{ は任意定数})$$
すなわち
$$z = a\log x + a^2 \log y + c$$
一般解は，
$$\begin{cases} z = a\log x + a^2 \log y + \psi(a) \\ \log x + 2a \log y + \psi'(a) = 0 \end{cases}$$
から a を消去したもの (ψ は任意関数)．

(2) 両辺を z^2 で割り，$z = e^Z$ とおく．完全解は
$$Z = ax + a^2y + c \quad (a, c \text{ は任意定数})$$
すなわち
$$\log z = ax + a^2y + c$$
一般解は，
$$\begin{cases} \log z = ax + a^2y + \psi(a) \\ x + 2ay + \psi'(a) = 0 \end{cases}$$
から a を消去したもの (ψ は任意関数)．

問 6.4 (1) 1 階偏微分方程式の標準形 II (i) の形である．$\sqrt{\dfrac{\partial z}{\partial y}} = a$ とおく．完全解は

$$z = \frac{(x+a)^3}{3} + a^2 y + b \quad (a, b \text{ は任意定数})$$

一般解は，

$$\begin{cases} z = \dfrac{(x+a)^3}{3} + a^2 y + \psi(a) \\ (x+a)^2 + 2ay + \psi'(a) = 0 \end{cases}$$

から a を消去したもの (ψ は任意関数).

(2) 1階偏微分方程式の標準形 II (i) の形である．$\dfrac{\partial z}{\partial x} = a$ とおく．完全解は

$$z = a^n y^2 - y + ax + b \quad (a, b \text{ は任意定数})$$

一般解は，

$$\begin{cases} z = a^n y^2 - y + ax + \psi(a) \\ na^{n-1} y^2 + x + \psi'(a) = 0 \end{cases}$$

から a を消去したもの (ψ は任意関数).

問 6.5 (1) 1階偏微分方程式の標準形 II (ii) の形である．完全解は

$$x + ay + b = \left\{ \frac{1}{3}(1+a^3)^{1/3} \right\} \log z \quad (a, b \text{ は任意定数})$$

(2) $x = e^X, y = e^Y$ とおくと，1階偏微分方程式の標準形 II (ii) の形となる．完全解は

$$X + aY + b = \pm 2\sqrt{1+a^2}\sqrt{z} \quad (a, b \text{ は任意定数})$$

変数をもとに戻して，$4(1+a^2)z = (\log x + a \log y + b)^2$

問 6.6 (1) 変数分離形である．完全解は

$$z = \frac{x^2}{2} + ax - \frac{y^2}{2} + ay + b \quad (a, b \text{ は任意定数})$$

一般解は，

$$\begin{cases} z = \dfrac{x^2}{2} + ax - \dfrac{y^2}{2} + ay + \psi(a) \\ x + y + \psi'(a) = 0 \end{cases}$$

から a を消去したもの (ψ は任意関数).

(2) $(\cos x) \Big/ \dfrac{\partial z}{\partial x} = \dfrac{\partial z}{\partial y} - \cos y$ と変形すれば変数分離形である．完全解は

$$z = \frac{\sin x}{a} + ay + \sin y + b \quad (a, b \text{ は任意定数})$$

一般解は，

$$\begin{cases} z = \dfrac{\sin x}{a} + ay + \sin y + \psi(a) \\ \dfrac{-\sin x}{a^2} + y + \psi'(a) = 0 \end{cases}$$

から a を消去したもの (ψ は任意関数).

(3) $\dfrac{\partial z}{\partial x} - x^2 = \dfrac{\partial z}{\partial y} + y^2$ と変形すれば変数分離形である．完全解は

$$z = ax + \frac{x^3}{3} + ay - \frac{y^3}{3} + b \quad (a, b \text{ は任意定数})$$

一般解は,
$$\begin{cases} z = ax + \dfrac{x^3}{3} + ay - \dfrac{y^3}{3} + \psi(a) \\ x + y + \psi'(a) = 0 \end{cases}$$
から a を消去したもの (ψ は任意関数).

問 6.7 (1) クレロー型である. 完全解は
$$z = ax + by + ab \quad (a, b \text{ は任意定数})$$
一般解は,
$$\begin{cases} z = ax + \psi(a)y + a\psi(a) \\ x + \psi'(a)y + \psi(a) + a\psi'(a) = 0 \end{cases}$$
から a を消去したもの (ψ は任意関数).
特異解は $z = -xy$

(2) クレロー型である. 完全解は
$$z = ax + by + \sqrt{a^2 + b^2 + 1} \quad (a, b \text{ は任意定数})$$
一般解は,
$$\begin{cases} z = ax + \psi(a)y + \sqrt{a^2 + \psi(a)^2 + 1} \\ x + \psi'(a)y + \dfrac{a + \psi(a)\psi'(a)}{\sqrt{a^2 + \psi(a)^2 + 1}} = 0 \end{cases}$$
から a を消去したもの (ψ は任意関数).
特異解は $x^2 + y^2 + z^2 = 1$

問 6.8 (1) 一般解は $f(x + y + z, xyz) = 0$ (f は任意関数)

(2) 一般解は $f\left(y^2 - z^2, \dfrac{x+y+z}{x}\right) = 0$ (f は任意関数)

問 6.9 (1) 直接積分する. 一般解は $z = x^2 y^3 + xf(y) + g(y)$ (f, g は任意関数)

(2) $\dfrac{\partial z}{\partial x} = p$ とおくと, ラグランジュの偏微分方程式となる. 一般解は,
$$z = \{f(x+y) + g(y)\}e^y \quad (f, g \text{ は任意関数})$$

(3) $\dfrac{\partial z}{\partial x} = p$ とおくと変数分離形となる. 一般解は
$$z = \frac{1}{2}x^2 f(y) + g(y) \quad (f, g \text{ は任意関数})$$

問 6.10 (1), (2), (3) は定数係数の 2 階非同次微分方程式であり, (4), (5) は定数係数の 2 階同次微分方程式である.

(1) 一般解は $\quad z = e^{-x}\varphi_1(y) + e^x \varphi_2(-x + y) + \dfrac{1}{4}e^{3x-y}$ (φ_1, φ_2 は任意関数)

(2) 一般解は $\quad z = \varphi_1(x+y) + e^{-4x}\varphi_2(3x+y) - \dfrac{1}{8}\cos(3x+y)$ (φ_1, φ_2 は任意関数)

(3) 一般解は $\quad z = e^{2x}\{\varphi_1(x+y) + x\varphi_2(x+y)\}$ (φ_1, φ_2 は任意関数)

(4) 一般解は $\quad z = \varphi_1(-2x+y) + \varphi_2(3x+y) + \dfrac{1}{2}x^2 y + \dfrac{1}{3}x^3$ (φ_1, φ_2 は任意関数)

(5) 一般解は $\quad z = \varphi_1(3x+y) + x\varphi_2(3x+y) + 3x^3 y + \dfrac{13}{2}x^4$ (φ_1, φ_2 は任意関数)

演習問題解答（第 6 章）

演習 6.1 (1) $x = e^X$, $y = e^Y$, $z = e^Z$ とおく．
完全解は $\log z = a \log x + a^2 \log y + c$ （a, c は任意定数）
一般解は
$$\begin{cases} \log z = a \log x + a^2 \log y + \psi(a) \\ \log x + 2a \log y + \psi'(a) = 0 \end{cases}$$
から a を消去したもの（ψ は任意関数）．

(2) 両辺を z^2 で割り，$x = e^X$, $y = e^Y$, $z = e^Z$ とおき，$\dfrac{\partial Z}{\partial X} = \cos \alpha$, $\dfrac{\partial Z}{\partial Y} = \sin \alpha$ とおけ．
完全解は $\log z = (\log x)(\cos \alpha) + (\log y)(\sin \alpha) + c$ （α, c は任意定数）
一般解は
$$\begin{cases} \log z = (\log x)(\cos \alpha) + (\log y)(\sin \alpha) + \psi(\alpha) \\ (\log x)(-\sin \alpha) + (\log y)(\cos \alpha) + \psi'(\alpha) = 0 \end{cases}$$
から α を消去したもの（ψ は任意関数）．

演習 6.2 φ_1, φ_2 は任意関数とする．
(1) $x = e^X$, $y = e^Y$ とおく．一般解は，
$$z = \varphi_1\left(\log \frac{y}{x}\right) + x \varphi_2\left(\log \frac{y}{x}\right)$$
(2) $x = e^X$, $y = e^Y$ とおく．一般解は
$$z = \varphi_1\left(\log \frac{y}{x^2}\right) + x \varphi_2\left(\log \frac{y}{x^2}\right)$$
(3) $x = e^X$, $y = e^Y$ とおく．一般解は
$$z = x^2 \varphi_1(\log xy) + \frac{1}{x} \varphi_2(\log x^2 y)$$
(4) $x = e^X$, $y = e^Y$ とおく．一般解は
$$z = \varphi_1(\log xy) + x \varphi_2\left(\log \frac{y}{x}\right) + \frac{1}{2} x^2 y$$

演習 6.3 (1), (2), (3) は定数係数の 2 階線形同次偏微分方程式である．φ_1, φ_2 は任意関数とする．
(1) $z = \varphi_1(y + x) + x \varphi_2(y + x) + (y + x) \dfrac{x^2}{2}$
(2) $z = \varphi_1(-2x + y) + \varphi_2(2x + y) - \dfrac{1}{4} x \cos(y + 2x) + \dfrac{1}{16} \sin(y + 2x)$
(3) $z = \varphi_1(x + y) + x \varphi_2(x + y) + \dfrac{1}{4}(x + 1) e^{3x + 5y}$

7 フーリエ解析とその応用

7.1 フーリエ級数

◆ **フーリエ級数** 区間 $[-\pi, \pi]$ で $f(x)$ が積分可能のとき，

$$a_n = \frac{1}{\pi}\int_{-\pi}^{\pi} f(x)\cos nx\, dx, \quad b_n = \frac{1}{\pi}\int_{-\pi}^{\pi} f(x)\sin nx\, dx \qquad ①$$

を $f(x)$ の**フーリエ係数**という．そのフーリエ係数からつくった級数

$$\frac{a_0}{2} + \sum_{n=1}^{\infty}(a_n\cos nx + b_n\sin nx)$$

を $f(x)$ の**フーリエ級数**または**フーリエ展開**といい，

$$f(x) \sim \frac{a_0}{2} + \sum_{n=1}^{\infty}(a_n\cos nx + b_n\sin nx)$$

と表す．この場合，右辺の無限級数の収束・発散については考慮されず，単に形式的に書いたものである．

定理 7.1 （フーリエ級数の収束） $f(x)$ が $[-\pi, \pi]$ で区分的に滑らかな関数[†]

⇒
(1) そのフーリエ級数は $f(x)$ が連続な点では $f(x)$ に収束する．
このことを

$$f(x) = \frac{a_0}{2} + \sum_{n=1}^{\infty}(a_n\cos nx + b_n\sin nx) \quad [\text{††}] \qquad ②$$

と書く．ここに a_n, b_n は上記①で与えられる．

(2) $f(x)$ が不連続な点では $\dfrac{f(x+0)+f(x-0)}{2}$ に収束する．

[†] （区分的に連続な関数，区分的に滑らかな関数） $[a, b]$ で定義された関数 $f(x)$ が有限個の点 $x_1, x_2, \cdots, x_n$ を除いて連続でかつ不連続点 x_i において，右側極限値 $f(x_i+0)$ および左側極限値 $f(x_i-0)$ が存在するとき，$f(x)$ は $[a, b]$ で**区分的に連続な関数**という．
また，$f'(x)$ が $[a, b]$ で区分的に連続な関数であるとき，$f(x)$ は**区分的に滑らかな関数**という．

[††] ②の右辺は周期 2π の周期関数であるから，左辺の $f(x)$ も $[-\pi, \pi]$ の外では 2π を周期とする周期関数であるように延長しておいて (これを周期 2π で接続するという)，②を $-\infty < x < \infty$ での周期関数の展開式とみてもよい．

7.1 フーリエ級数

● **より理解を深めるために**

――例題 7.1 ――――――――――――――――――――――フーリエ展開――

$f(x) = e^x$ $(-\pi < x < \pi)$ をフーリエ展開せよ.

【解】 $f'(x) = e^x$ であるので,$-\pi < x < \pi$ で $f(x)$ は連続である.よって p.82 の定理 7.1 (1) によりフーリエ展開できる.また周期 2π で接続する($\Rightarrow$ 図 7.1).

積分の計算で次の公式を用いる.($\Rightarrow$『基本例解テキスト微分積分』(サイエンス社) p.81)

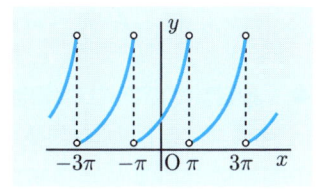

図 7.1

$$\int e^{ax} \cos bx\, dx = \frac{e^{ax}}{a^2+b^2}(a\cos bx + b\sin bx)$$

$$\int e^{ax} \sin bx\, dx = \frac{e^{ax}}{a^2+b^2}(a\sin bx - b\cos bx)$$

$$a_0 = \frac{1}{\pi}\int_{-\pi}^{\pi} e^x dx = \frac{1}{\pi}\left[e^x\right]_{-\pi}^{\pi} = \frac{1}{\pi}(e^{\pi} - e^{-\pi})$$

$$a_n = \frac{1}{\pi}\int_{-\pi}^{\pi} e^x \cos nx\, dx = \frac{1}{\pi}\left[\frac{e^x}{1+n^2}(\cos nx + n\sin nx)\right]_{-\pi}^{\pi}$$

$$= \frac{(-1)^n}{\pi(1+n^2)}(e^{\pi} - e^{-\pi}) \qquad (n \geqq 1)$$

$$b_n = \frac{1}{\pi}\int_{-\pi}^{\pi} e^x \sin nx\, dx = \frac{1}{\pi}\left[\frac{e^x}{1+n^2}(\sin nx - n\cos nx)\right]_{-\pi}^{\pi}$$

$$= -\frac{n(-1)^n}{\pi(1+n^2)}(e^{\pi} - e^{-\pi}) \qquad (n \geqq 1)$$

ゆえに求めるフーリエ展開は

$$e^x = \frac{a_0}{2} + \sum_{n=1}^{\infty}(a_n \cos nx + b_n \sin nx) = \frac{e^{\pi} - e^{-\pi}}{\pi}\left\{\frac{1}{2} + \sum_{n=1}^{\infty}\frac{(-1)^n}{1+n^2}(\cos nx - n\sin nx)\right\}$$

(解答は章末の p.102 以降に掲載されています.)

問 7.1 次の関数をフーリエ展開せよ.

(1) $f(x) = x$ $(-\pi \leqq x \leqq \pi)$ (2) $f(x) = x^2$ $(-\pi \leqq x \leqq \pi)$

(3) $f(x) = |x|$ $(-\pi \leqq x \leqq \pi)$ (4) $f(x) = \begin{cases} 0 & (-\pi \leqq x \leqq 0) \\ \sin x & (0 < x \leqq \pi) \end{cases}$

◆ **奇関数・偶関数** 関数 $f(x)$ が区間 $(-l, l)$ ($l > 0$; $l = \infty$ でもよい) の任意の x に対して
$$f(-x) = -f(x) \text{ が成り立つとき，} f(x) \text{ を奇関数}$$
$$f(-x) = f(x) \text{ が成り立つとき，} f(x) \text{ を偶関数}$$
という．例えば，$f(x) = x^2 + 2$ は偶関数であり，$f(x) = x^3 - 3x$ は奇関数である．また $f(x) = x^2 + x + 1$ は偶関数でも奇関数でもない．

◆ **一般区間でのフーリエ級数** p.82 の定理 7.1 では $f(x)$ が周期 2π の周期関数を考えたが，ここでは周期 $2l$ ($l \neq \pi$) の周期関数について述べる．

定理 7.2 (一般区間でのフーリエ級数)
$f(x)$ は $[-l, l]$ で区分的に滑らかな，$2l$ を周期とする周期関数
$\Rightarrow$
(1) そのフーリエ級数は $f(x)$ が連続な点では $f(x)$ に収束する．このことを次のように書く．
$$f(x) = \frac{a_0}{2} + \sum_{n=1}^{\infty} \left(a_n \cos \frac{n\pi x}{l} + b_n \sin \frac{n\pi x}{l} \right)$$
$$a_n = \frac{1}{l} \int_{-l}^{l} f(x) \cos \frac{n\pi x}{l} dx, \quad b_n = \frac{1}{l} \int_{-l}^{l} f(x) \sin \frac{n\pi x}{l} dx$$
(2) $f(x)$ が不連続な点では，そのフーリエ級数は
$$\frac{f(x+0) + f(x-0)}{2} \text{ に収束する．}$$

定理 7.3 (フーリエ余弦級数・フーリエ正弦級数)
$f(x)$ は $[-l, l]$ で区分的に滑らかな，$2l$ を周期とする周期関数
$\Rightarrow$
(1) 偶関数のときは，次のような**フーリエ余弦級数**に展開される．
$$f(x) = \frac{a_0}{2} + \sum_{n=1}^{\infty} a_n \cos \frac{n\pi x}{l}, \quad a_n = \frac{2}{l} \int_{0}^{l} f(x) \cos \frac{n\pi x}{l} dx$$
$$(n = 0, 1, 2, \cdots)$$
(2) 奇関数のときは，次のような**フーリエ正弦級数**に展開される．
$$f(x) = \sum_{n=1}^{\infty} b_n \sin \frac{n\pi x}{l}, \quad b_n = \frac{2}{l} \int_{0}^{l} f(x) \sin \frac{n\pi x}{l} dx \quad (n = 1, 2, \cdots)$$

定理 7.3 の系 $f(x)$ が $[0, l]$ で区分的に滑らかな関数
$\Rightarrow$ $f(x)$ はフーリエ余弦級数にも，フーリエ正弦級数にも展開できる．

● **より理解を深めるために**

―例題 7.2――――――――一般区間でのフーリエ余弦級数・フーリエ正弦級数――
$f(x) = x \ (0 \leqq x \leqq l)$ をフーリエ余弦級数に展開せよ．またフーリエ正弦級数にも展開せよ．

【解】 まずフーリエ余弦級数に展開する．
$[0, l]$ で定義された関数 $f(x) = x$ を偶関数として，定義域を $[-l, l]$ で接続する（⇨ 図 7.2）．

図 7.2 偶関数

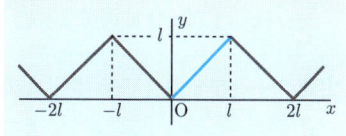

$$a_0 = \frac{2}{l} \int_0^l x\,dx = \frac{2}{l} \left[\frac{x^2}{2}\right]_0^l = l$$

$$a_n = \frac{2}{l} \int_0^l x \cos \frac{n\pi x}{l} dx = \frac{2}{l} \left\{ \left[x \cdot \frac{l}{n\pi} \sin \frac{n\pi x}{l}\right]_0^l - \frac{l}{n\pi} \int_0^l \sin \frac{n\pi x}{l} dx \right\}$$

$$= \frac{2}{l}\left(-\frac{l}{n\pi}\right)\left[-\frac{l}{n\pi} \cos \frac{n\pi x}{l}\right]_0^l = \frac{2l}{n^2\pi^2}(\cos n\pi - 1)$$

$$= \frac{2l}{n^2\pi^2}\{(-1)^n - 1\} = \begin{cases} -4l/n^2\pi^2 & (n: \text{奇数}) \\ 0 & (n: \text{偶数}) \end{cases}$$

$$\therefore \quad x = \frac{l}{2} - \frac{4l}{\pi^2}\left(\cos\frac{\pi x}{l} + \frac{1}{3^2}\cos\frac{3\pi x}{l} + \frac{1}{5^2}\cos\frac{5\pi x}{l} + \cdots\right) \quad ①$$

次にフーリエ正弦級数に展開する．
$[0, l]$ で定義された関数 $f(x) = x$ を奇関数として，定義域を $[-l, l]$ で接続する（⇨ 図 7.3）．

図 7.3 奇関数

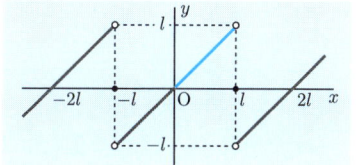

$$b_n = \frac{2}{l}\int_0^l x \sin \frac{n\pi x}{l} dx$$

$$= \frac{2}{l}\left\{\left[x\left(-\frac{l}{n\pi}\right)\cos\frac{n\pi x}{l}\right]_0^l + \frac{l}{n\pi}\int_0^l \cos\frac{n\pi x}{l} dx\right\}$$

$$= -(-1)^n \frac{2l}{n\pi} \quad \therefore \quad x = \frac{2l}{\pi}\left(\sin\frac{\pi x}{l} - \frac{1}{2}\sin\frac{2\pi x}{l} + \frac{1}{3}\sin\frac{3\pi x}{l} - \cdots\right) \quad ②$$

追記 7.1 ①は偶関数（余弦級数），②は奇関数（正弦級数）だけでできている．

問 7.2 次の関数をフーリエ展開せよ．

(1) $f(x) = \begin{cases} x & (0 \leqq x \leqq 1) \\ 0 & (-1 \leqq x < 0) \end{cases}$

(2) $f(x) = \begin{cases} \pi x & (0 \leqq x \leqq 1) \\ \pi(2-x) & (1 \leqq x \leqq 2) \end{cases}$

(3) $f(x) = x^2 + x \quad (-1 < x < 1)$

7.2 フーリエ積分・フーリエ変換

◆ **フーリエ積分** $(-\infty, \infty)$ で定義された関数 $f(x)$ に対して,

$$\frac{1}{\pi}\int_0^\infty du \int_{-\infty}^\infty f(t)\cos u(x-t)dt \qquad ①$$

を $f(x)$ のフーリエ積分という[†].

> **定理 7.4** (フーリエの重積分公式)
> $f(x)$ が $(-\infty, \infty)$ で区分的に滑らかでかつ $\int_{-\infty}^\infty |f(x)|dx$ が収束する[††]
>
> $\Rightarrow \quad \dfrac{1}{\pi}\int_0^\infty du \int_{-\infty}^\infty f(t)\cos u(x-t)dt = \dfrac{f(x+0)+f(x-0)}{2} \qquad ②$

追記 7.2 オイラーの公式 $e^{ix} = \cos\theta + i\sin\theta$ を用いて①を次のように複素形として表すことができる.

$$\frac{1}{2\pi}\int_{-\infty}^\infty du \int_{-\infty}^\infty f(t)e^{-iu(t-x)}dt$$
$$= \frac{1}{2\pi}\int_{-\infty}^\infty du \int_{-\infty}^\infty f(t)\cos u(x-t)dt + \frac{i}{2\pi}\int_{-\infty}^\infty du \int_{-\infty}^\infty f(t)\sin u(x-t)dt$$
$$= \frac{1}{\pi}\int_0^\infty du \int_{-\infty}^\infty f(t)\cos u(x-t)dt$$

> **定理 7.5** (フーリエ変換・逆フーリエ変換)
> $f(x)$ を定理 7.4 の条件を満たす関数とする. いま
>
> $$F(u) = \frac{1}{\sqrt{2\pi}}\int_{-\infty}^\infty f(t)e^{-iut}dt \qquad ③$$
>
> とおけば
>
> $$\frac{1}{\sqrt{2\pi}}\int_{-\infty}^\infty F(u)e^{iux}du = \frac{f(x+0)+f(x-0)}{2} \qquad ④$$

③の $F(u)$ を $f(t)$ の**フーリエ変換**, ④の積分を $F(u)$ の**逆フーリエ変換**という.

[†] 2 重積分, 広義の 2 重積分 (⇨ 例えば『基本微分積分』(サイエンス社) の第 6 章) を学習すること.

[††] $\int_{-\infty}^\infty |f(x)|dx$ が収束するとき, $f(x)$ は**絶対可積分**であるという.

● より理解を深めるために

注意 7.1 (複素数関数の積分) $G(y)$ が実変数 y の複素数関数

$$G(y) = g_1(y) + ig_2(y) \quad (g_1(y), g_2(y) \text{ は実数値関数})$$

のとき,$G(y)$ の $a \leqq y \leqq b$ における定積分を次のように定義する.

$$\int_a^b G(y)dy = \int_a^b g_1(y)dy + i\int_a^b g_2(y)dy$$

注意 7.2 $z = x + iy$ とすると,$e^z = e^x(\cos y + i \sin y)$.
特に $x = 0$ のとき,$e^{iy} = \cos y + i \sin y$(オイラーの公式)である.

例題 7.3 ─────────────────────── フーリエ変換 ─

$f(x)$ は $(-\infty, \infty)$ で微分可能,絶対可積分,$f(x) \to 0$ $(x \to \pm\infty)$ とする.$f(x)$ のフーリエ変換を $F(\alpha)$ とすれば,$f'(x)$ のフーリエ変換は

$$i\alpha F(\alpha)$$

であることを示せ.

【解】 $f'(x)$ のフーリエ変換は,部分積分法 (⇨『基本微分積分』(サイエンス社) p.102) により

$$\frac{1}{\sqrt{2\pi}}\int_{-\infty}^{\infty} f'(x)e^{-i\alpha x}dx = \frac{1}{\sqrt{2\pi}}\left\{\lim_{\substack{M\to\infty \\ K\to -\infty}} \left[f(x)e^{-i\alpha x}\right]_K^M + i\alpha \int_{-\infty}^{\infty} f(x)e^{-i\alpha x}dx\right\}$$

$$= \frac{1}{\sqrt{2\pi}}\left\{\lim_{M\to\infty} f(M)e^{-i\alpha M} - \lim_{K\to -\infty} f(K)e^{-i\alpha K} + i\alpha \int_{-\infty}^{\infty} f(x)e^{-i\alpha x}dx\right\}$$

$|e^{-i\alpha M}| = 1$ であるので,$|f(M)e^{-i\alpha M}| = |f(M)||e^{-i\alpha M}| = |f(M)|$ となり,仮定から,$f(M) \to 0$ $(M \to \infty)$ であるので,

$$f(M)e^{-i\alpha M} \to 0 \quad (M \to \infty)$$

同様にして,$|e^{-i\alpha K}| = 1$,$|f(K)e^{-i\alpha K}| = |f(K)| \to 0$ $(K \to -\infty)$ より,

$$f(K)e^{-i\alpha K} \to 0 \quad (K \to -\infty)$$

よって,p.86 の定理 7.5 より $f'(x)$ のフーリエ積分は存在して,

$$\frac{1}{\sqrt{2\pi}}\int_{-\infty}^{\infty} f'(x)e^{-i\alpha x}dx = i\alpha F(\alpha)$$

問 7.3 偶関数 $f(x) = e^{-x}$ $(0 \leqq x < \infty)$ のフーリエ積分を応用して,
$\int_0^{\infty} \dfrac{\cos ux}{u^2+1}du = \dfrac{\pi}{2}e^{-x}$ の関係を示せ.

問 7.4 次の関数のフーリエ変換を求めよ.

(1) $f(x) = \begin{cases} 1 & (|x| < a) \\ 0 & (|x| > a) \end{cases}$ 　　(2) $f(x) = \begin{cases} 1 - |x| & (|x| < 1) \\ 0 & (|x| \geqq 1) \end{cases}$

7.3 偏微分方程式の初期値問題，初期値・境界値問題

◆ 双曲型偏微分方程式

I 波動方程式の初期値・境界値問題 (両端を固定した長さ l の弦の振動の問題)

(1) $\dfrac{\partial^2 u}{\partial t^2} = c^2 \dfrac{\partial^2 u}{\partial x^2}$ $(u = u(x,t) \, ; \, 0 < x < l, \, t > 0)$

(2) 初期条件：$u(x,0) = f(x)$, $\dfrac{\partial}{\partial t} u(x,0) = F(x)$ $(0 \leqq x \leqq l)$

(3) 境界条件：$u(0,t) = 0$, $u(l,t) = 0$ $(t \geqq 0)$

(4) 解：$\begin{cases} u(x,t) = \displaystyle\sum_{n=1}^{\infty} \sin \dfrac{n\pi x}{l} \left(a_n \cos \dfrac{n\pi ct}{l} + \dfrac{l}{n\pi c} b_n \sin \dfrac{n\pi ct}{l} \right) \\ a_n = \dfrac{2}{l} \displaystyle\int_0^l f(x) \sin \dfrac{n\pi x}{l} dx, \, b_n = \dfrac{2}{l} \displaystyle\int_0^l F(x) \sin \dfrac{n\pi x}{l} dx \end{cases}$

ただし，$f(x), F(x)$ は連続で区分的に滑らかな関数とする．

(⇨ p.89 の例と p.90 の例題 7.4)

II 波動方程式の初期値問題 (両側に十分長くのびた弦の振動の問題)

これを**コーシー問題**ともいう．

(5) $\dfrac{\partial^2 u}{\partial t^2} = c^2 \dfrac{\partial^2 u}{\partial x^2}$ $(u = u(x,t) \, ; \, -\infty < x < \infty, \, t > 0)$

(6) 初期条件：$u(x,0) = f(x)$, $\dfrac{\partial}{\partial t} u(x,0) = F(x)$ $(-\infty < x < \infty)$

(7) 解：$u(x,t) = \dfrac{1}{2} \{ f(x+ct) + f(x-ct) \} + \dfrac{1}{2c} \displaystyle\int_{x-ct}^{x+ct} F(\lambda) d\lambda$

(**ストークスの波動公式**)

ただし，$f(x), F(x)$ は連続で区分的に滑らかな関数とする．

さらに，$\displaystyle\int_{-\infty}^{\infty} |f(x)| dx$ と $\displaystyle\int_{-\infty}^{\infty} |F(x)| dx$ は収束するものとする．(⇨ p.97 の問題 7.1)

追記 7.3 両側に十分長くのびた弦の問題は，数学的には無限区間の問題と考える．

重ね合わせの原理 $u_n(x,y) \, (n = 1, 2, \cdots)$ が

$$a \dfrac{\partial^2 u}{\partial x^2} + 2b \dfrac{\partial^2 u}{\partial x \partial y} + c \dfrac{\partial^2 u}{\partial y^2} + h \dfrac{\partial u}{\partial x} + k \dfrac{\partial u}{\partial y} + lu = 0 \qquad ①$$

の解であれば，それらの一次結合 $\displaystyle\sum_{n=1}^{\infty} a_n u_n(x,y)$ も ① の解である (a_n は任意定数)．

7.3 偏微分方程式の初期値問題，初期値・境界値問題

◆ **変数分離法** 偏微分方程式の初期値問題や初期値・境界値問題を解くにあたって大切な方法の中に次のような**変数分離法**がある．次の例でそれを説明する．

例 (変数分離法) $\dfrac{\partial^2 u}{\partial t^2} = c^2 \dfrac{\partial^2 u}{\partial x^2}$ $(0 < x < l, \ t > 0)$ ①

境界条件：$u(0,t) = u(l,t) = 0$ $(t \geqq 0)$ ②

のとき，②を満たす①の解で $u(x,t) = g(x)h(t)$ …③ のように変数が分離している解を求めよ．

【解】 ③を①に代入すると，$g(x)h''(t) = c^2 g''(x) h(t)$ となる．よって，

$$\frac{g''(x)}{g(x)} = \frac{1}{c^2} \frac{h''(t)}{h(t)}$$

この式の右辺は t だけの関数であり，左辺は x だけの関数である．この両辺が等しいということは，上式は定数 (λ とおく) に他ならない．すなわち

$$g''(x) = \lambda g(x) \quad \cdots ④ \qquad h''(x) = c^2 \lambda h(t) \quad \cdots ⑤$$

である．ここで $\lambda < 0$ であることを示そう．

$$0 \leqq \int_0^l (g'(x))^2 dx = \int_0^l g'(x)g'(x)dx = \Big[g(x)g'(x)\Big]_0^l - \int_0^l g(x)g''(x)dx$$

$$= -\int_0^l g(x)g''(x)dx \quad (② より \ g(l) = g(0) = 0)$$

$$= -\lambda \int_0^l (g(x))^2 dx \quad (④ より \ g''(x) に \lambda g(x) を代入)$$

よって $\lambda < 0$ である．いま $\lambda = -\mu^2$ とおくと，④，⑤はそれぞれ

$$g''(x) + \mu^2 g(x) = 0, \quad h''(t) + c_2 \mu^2 h(t) = 0$$

となる．これらは定数係数の線形常微分方程式であるので，p.22 の解法 3.1 より a, b, A, B を任意定数として，次のような $g(x), h(t)$ が得られる．

$$g(x) = a \cos \mu x + b \sin \mu x, \quad h(t) = A \cos c\mu t + B \sin c\mu t$$

②より $g(l) = g(0) = 0$．よって $a = 0$ となるので $b \sin \mu l = 0$．すなわち $\mu = n\pi/l$．
いま $\mu = n\pi/l \ (n = 1, 2, \cdots)$ に対し $g(x), h(t)$ を改めて

$$g_n(x) = b_n \sin \frac{n\pi x}{l}, \quad h_n(t) = A_n \cos \frac{n\pi ct}{l} + B_n \sin \frac{n\pi ct}{l}$$

と書くとする．このとき，次のような②を満たす①の解が得られる．

$$g_n(x)h_n(t) = \sin \frac{n\pi x}{l} \left(C_n \cos \frac{n\pi ct}{l} + D_n \sin \frac{n\pi ct}{l} \right) \quad (n = 1, 2, \cdots) \qquad ⑥$$

● より理解を深めるために

例題 7.4 ─────────────── 波動方程式の初期値・境界値問題 (1)

次の偏微分方程式を解け.
$$\frac{\partial^2 u}{\partial t^2} = c^2 \frac{\partial^2 u}{\partial x^2} \quad (u = u(x,t)\,;\, 0 < x < l,\, t > 0) \quad \text{①}$$
境界条件：$u(0,t) = u(l,t) = 0 \quad (t \geqq 0)$ ②
初期条件：$u(x,0) = f(x),\, \dfrac{\partial}{\partial t}u(x,0) = F(x) \quad (0 \leqq x \leqq l)$ ③
ただし $f(x), F(x)$ は連続で区分的に滑らかな関数とする.

【解】 p.89 の例に上記の初期条件③を追加したものを**波動方程式の初期値・境界値問題**という．p.89 の⑥に**重ね合わせの原理**(⇨p.88)を用いて次のような形の解を考える．

$$u(x,t) = \sum_{n=1}^{\infty} \sin \frac{n\pi x}{l} \left(C_n \cos \frac{n\pi ct}{l} + D_n \sin \frac{n\pi ct}{l} \right) \quad \text{④}$$

$t = 0$ のとき，与えられた条件③の前半より $u(x,0) = f(x)$ であるので，

$$u(x,0) = \sum_{n=1}^{\infty} C_n \sin \frac{n\pi x}{l} = f(x)$$

項別積分可能とすると，③の後半の条件より $\dfrac{\partial}{\partial t}u(x,0) = F(x)$ であるので，

$$\frac{\partial}{\partial t}u(x,0) = \sum_{n=1}^{\infty} D_n \frac{n\pi c}{l} \sin \frac{n\pi x}{l} = F(x)$$

$f(x), F(x)$ は $0 \leqq x \leqq l$ で連続で区分的に滑らかで，$f(0) = F(0) = f(l) = F(l) = 0$ とし，$f(x), F(x)$ を $[-l,l]$ で奇関数となるように接続し，

$$\varphi(x) = \begin{cases} f(x) & (0 \leqq x \leqq l) \\ -f(-x) & (-l \leqq x \leqq 0) \end{cases}, \quad \psi(x) = \begin{cases} F(x) & (0 \leqq x \leqq l) \\ -F(-x) & (-l \leqq x \leqq 0) \end{cases}$$

と定義すれば，$\varphi(x), \psi(x)$ は $[-l,l]$ で連続な奇関数となり，これを周期 $2l$ で接続すれば，$\varphi(x), \psi(x)$ は $-\infty < x < \infty$ で連続な奇関数で，区分的に滑らかな関数となっている．このとき**フーリエ係数**は p.84 の定理 7.3 (2) より，

$$C_n = \frac{2}{l}\int_0^l f(x)\sin\frac{n\pi x}{l}dx \quad \cdots\text{⑤} \quad D_n\frac{n\pi c}{l} = \frac{2}{l}\int_0^l F(x)\sin\frac{n\pi x}{l}dx \quad \cdots\text{⑥}$$

⑤，⑥を④に代入して，

$$u(x,t) = \frac{2}{l}\sum_{n=1}^{\infty} \sin\frac{n\pi x}{l} \left(\cos\frac{n\pi ct}{l} \int_0^l f(x)\sin\frac{n\pi x}{l}dx \right.$$
$$\left. + \frac{l}{n\pi c}\sin\frac{n\pi ct}{l} \int_0^l F(x)\sin\frac{n\pi x}{l}dx \right)$$

7.3 偏微分方程式の初期値問題，初期値・境界値問題

● **より理解を深めるために**

― 例題 7.5 ―――――――――――――― 波動方程式の初期値・境界値問題 (2) ―

次の偏微分方程式を解け．
$$\frac{\partial^2 u}{\partial t^2} = c^2 \frac{\partial^2 u}{\partial x^2} \quad (u = u(x,t)\,;\ 0 < x < 2,\ t > 0)$$

初期条件：$u(x,0) = \begin{cases} x & (0 \leqq x \leqq 1) \\ -x+2 & (1 \leqq x \leqq 2) \end{cases}$, $\dfrac{\partial u(x,0)}{\partial t} = 0 \quad (0 \leqq x \leqq 2)$

境界条件：$u(0,t) = u(2,t) = 0 \quad (t \geqq 0)$

【解】 p.88 の波動方程式の初期値・境界値問題で
$$f(x) = \begin{cases} x & (0 \leqq x \leqq 1) \\ -x+2 & (1 \leqq x \leqq 2) \end{cases}, \quad l = 2, \quad F(x) = 0$$
とした場合である．$f(x)$ は連続で区分的に滑らかであり，$F(x)$ は微分可能である．よって，p.88 の (4) より，解は
$$u(x,t) = \sum_{n=1}^{\infty} a_n \sin \frac{n\pi x}{2} \cos \frac{n\pi ct}{2}, \quad F(x) = 0 \text{ より } b_n = 0$$
ここで
$$\begin{aligned}
a_n &= \int_0^1 x \sin \frac{n\pi x}{2} dx + \int_1^2 (-x+2) \sin \frac{n\pi x}{2} dx \\
&= \left[-x \frac{2}{n\pi} \cos \frac{n\pi x}{2}\right]_0^1 + \int_0^1 \frac{2}{n\pi} \cos \frac{n\pi x}{2} dx \\
&\quad + \left[-(-x+2) \frac{2}{n\pi} \cos \frac{n\pi x}{2}\right]_1^2 - \int_1^2 \frac{2}{n\pi} \cos \frac{n\pi x}{2} dx \\
&= \frac{8}{n^2 \pi^2} \sin \frac{n\pi}{2}
\end{aligned}$$
$$\therefore \quad a_{2n-1} = (-1)^{n-1} \frac{8}{(2n-1)^2 \pi^2}, \quad a_{2n} = 0 \quad (n = 1, 2, \cdots)$$

ゆえに解は，
$$u(x,t) = \sum_{n=1}^{\infty} a_{2n-1} \sin \frac{(2n-1)\pi x}{2} \cos \frac{(2n-1)\pi ct}{2}, \quad a_{2n-1} = (-1)^{n-1} \frac{8}{(2n-1)^2 \pi^2}$$

問 7.5 次の偏微分方程式を解け．
$$\frac{\partial^2 u}{\partial t^2} = \frac{\partial^2 u}{\partial x^2} \quad (u = u(x,t)\,;\ 0 < x < \pi,\ t > 0)$$

初期条件：$u(x,0) = 0,\ \dfrac{\partial u(x,0)}{\partial t} = \sin x + \sin 2x \quad (0 < x < \pi)$

境界条件：$u(0,t) = 0,\ u(\pi,t) = 0 \quad (t > 0)$

● より理解を深めるために

例題 7.6 ───────── 波動方程式の初期値問題 (コーシー問題) ───

次の偏微分方程式を解け．
$\dfrac{\partial^2 u}{\partial t^2} = \dfrac{\partial^2 u}{\partial x^2}$ $(u = u(x,t)\,;\ -\infty < x < \infty,\ t > 0)$

初期条件：$u(x,0) = e^{-x^2},\ \dfrac{\partial}{\partial t}u(x,0) = 0$ $(-\infty < x < \infty)$

【解】 p.88 の波動方程式の初期値問題 (**コーシー問題**) で，$f(x) = e^{-x^2}$，$F(x) = 0,\ c = 1$ とした場合である．$f(x)$ は明らかに微分可能であり，$\displaystyle\int_{-\infty}^{\infty} |f(x)|dx$ は収束するので[†]，p.88 の (7) より

$$u(x,t) = \frac{1}{2}\{f(x+t) + f(x-t)\} + \frac{1}{2}\int_{x-t}^{x+t} F(\lambda)d\lambda$$

$$= \frac{1}{2}\left\{e^{-(x+t)^2} + e^{-(x-t)^2}\right\} = e^{-(x^2+t^2)}\frac{e^{-2xt} + e^{2xt}}{2}$$

$$= e^{-(x^2+t^2)}\cosh 2xt \quad (\cosh x \text{ は双曲線余弦関数})$$

追記 7.4 次の各式で定義される関数を双曲線関数という．

$$\cosh x = \frac{e^x + e^{-x}}{2},\quad \sinh x = \frac{e^x - e^{-x}}{2}$$

前者が双曲線余弦関数 (ハイパボリックコサイン) で，後者が双曲線正弦関数 (ハイパボリックサイン) である．

問 7.6 次の波動方程式の初期値問題を解け．
$\dfrac{\partial^2 u}{\partial t^2} = \dfrac{\partial^2 u}{\partial x^2}$ $(u = u(x,t)\,;\ -\infty < x < \infty,\ t > 0)$

初期条件：$u(x,0) = \sin x,\ \dfrac{\partial}{\partial t}u(x,0) = 0$ $(-\infty < x < \infty)$

[†] $I = \displaystyle\iint_D e^{-x^2-y^2}dxdy,\ D : x \geqq 0,\ y \geqq 0$ は近似増加列 $\{D_n\}$ を原点を中心とし半径 n の円と D との共通部分とすれば，$I = \pi/4$ であることが示される．

また一方 $D'_m : 0 \leqq x \leqq m,\ 0 \leqq y \leqq m$ とし，近似増加列 $\{D'_m\}$ を考えると，

$$\iint_{D'_m} e^{-x^2-y^2}dxdy = \left(\int_0^m e^{-x^2}dx\right)\left(\int_0^m e^{-y^2}dy\right) = \left(\int_0^m e^{-x^2}dx\right)^2$$

となり，$m \to \infty$ とすると，$\dfrac{\pi}{4} = \left(\displaystyle\int_0^\infty e^{-x^2}dx\right)^2$，つまり $\displaystyle\int_0^\infty e^{-x^2}dx = \dfrac{\sqrt{\pi}}{2}$ であることが示される．(⇨『基本微分積分』(サイエンス社) p.203 を参照)

7.3 偏微分方程式の初期値問題，初期値・境界値問題

◆ 放物型偏微分方程式

III 熱伝導方程式の初期値・境界値問題 (長さ c の針金に初期温度分布 $f(x)$ ($0 < x < c$) を与えたとき，t 時間後の温度の分布の問題)

(8) $\quad \dfrac{\partial u}{\partial t} = k^2 \dfrac{\partial^2 u}{\partial x^2} \quad (u = u(x,t) \,;\; 0 < x < c,\; t > 0)$

(9) $\quad$ 初期条件：$u(x,0) = f(x) \quad (0 < x < c)$

(10) $\quad$ 境界条件：$u(0,t) = 0,\; u(c,t) = 0 \quad (t > 0)$

(11) $\quad$ 解：$\begin{cases} u(x,t) = \displaystyle\sum_{n=1}^{\infty} c_n e^{-(kn\pi/c)^2 t} \sin \dfrac{n\pi}{c} x \\ c_n = \dfrac{2}{c} \displaystyle\int_0^c f(\lambda) \sin \dfrac{n\pi}{c} \lambda\, d\lambda \end{cases}$

ただし $f(x)$ は連続で区分的に滑らかな関数 (⇨ p.98 の研究 (1))

IV 熱伝導方程式の初期値問題 (直線状の熱伝導体が両側に十分長い場合) (コーシー問題)

(12) $\quad \dfrac{\partial u}{\partial t} = k^2 \dfrac{\partial^2 u}{\partial t^2} \quad (u = u(x,t) \,;\; -\infty < x < \infty,\; t > 0)$

(13) $\quad$ 初期条件：$u(x,0) = f(x) \quad (-\infty < x < \infty)$

(14) $\quad$ 解：$u(x,t) = \dfrac{1}{2k\sqrt{\pi t}} \displaystyle\int_{-\infty}^{\infty} f(\lambda) e^{-(x-\lambda)^2/4k^2 t}\, d\lambda$

ただし $f(x)$ は区分的に滑らかで，$\displaystyle\int_{-\infty}^{\infty} |f(x)|\, dx < \infty$ (⇨ p.95 の問 7.8)

◆ 楕円型偏微分方程式

V ラプラス方程式の境界値問題 (長方形に関するディリクレ問題)

(15) $\quad \Delta u = \dfrac{\partial^2 u}{\partial x^2} + \dfrac{\partial^2 u}{\partial y^2} = 0 \quad (u = u(x,y) \,;\; 0 < x < a,\; 0 < y < b) \quad$ (調和関数)

(16) $\quad$ 境界条件：$\begin{cases} u(0,y) = 0,\; u(a,y) = 0 & (0 < y < b) \\ u(x,b) = 0,\; u(x,0) = f(x) & (0 < x < a) \end{cases}$

(17) $\quad$ 解：$\begin{cases} u(x,y) = \displaystyle\sum_{n=1}^{\infty} d_n \sinh \dfrac{n\pi(b-y)}{a} \sin \dfrac{n\pi x}{a} \Big/ \sinh \dfrac{n\pi b}{a} \\ d_n = \dfrac{2}{a} \displaystyle\int_0^a f(\lambda) \sin \dfrac{n\pi \lambda}{a}\, d\lambda \end{cases}$

ただし $f(x)$ は連続で区分的に滑らかで，$f(0) = f(a) = 0$ (⇨ p.100 の研究 (2))

● **より理解を深めるために**

―― 例題 7.7 ――――――――――――――――――― 熱伝導方程式の初期値・境界値問題 ――

次の偏微分方程式を解け.
$\dfrac{\partial u}{\partial t} = k^2 \dfrac{\partial^2 u}{\partial x^2}$ $(u = u(x,t)\,;\ 0 < x < \pi,\ t > 0)$
初期条件：$u(x,0) = f(x)$ $(0 < x < \pi)$
境界条件：$u(0,t) = 0,\ u(\pi,t) = A$ $(t > 0,\ A$ は与えられた定数である.$)$
ただし $f(x)$ は連続で区分的に滑らかな関数とする.

【解】 $\qquad\qquad\qquad u(x,t) = v(x,t) + \varphi(x) \qquad\qquad\qquad$ ①

とおき，与えられた偏微分方程式，初期条件，境界条件に代入すると，

$$\dfrac{\partial v}{\partial t} = k^2 \dfrac{\partial^2 v}{\partial x^2} + k^2 \varphi''(x), \quad v(x,0) + \varphi(x) = f(x)$$
$$v(0,t) + \varphi(0) = 0, \qquad v(\pi,t) + \varphi(\pi) = A$$

となる. 次に $\varphi(x)$ として次の条件を満たすものを選ぶ.

$\qquad \varphi''(x) = 0 \quad \cdots② \qquad\qquad \varphi(0) = 0 \quad \cdots③ \qquad\qquad \varphi(\pi) = A \quad \cdots④$

これを解くと，②より $\varphi(x) = K_1 x + K_2$ となる．これと③より $K_2 = 0$ を得る．よって，④より $K_1 = A/\pi$ となり，$\varphi(x) = Ax/\pi$ を得る．

このとき，$v(x,t)$ は次の条件を満足する．

$$\dfrac{\partial v}{\partial t} = k^2 \dfrac{\partial^2 v}{\partial x^2}, \quad v(x,0) = f(x) - \dfrac{A}{\pi}x, \quad v(0,t) = 0, \quad v(\pi,t) = 0$$

いま，p.93 の (8) で $u(x,t)$ の代わりに $v(x,t)$，p.93 の (9) で $f(x)$ の代わりに $f(x) - Ax/\pi$，c の代わりに π と考えると，p.93 の (11) より，

$$v(x,t) = \sum_{n=1}^{\infty} c_n e^{-k^2 n^2 t} \sin nx, \qquad c_n = \dfrac{2}{\pi} \int_0^{\pi} \left(f(\lambda) - \dfrac{A}{\pi}\lambda \right) \sin n\lambda\, d\lambda$$

$$\therefore\ u(x,t) = \dfrac{A}{\pi}x + \sum_{n=1}^{\infty} c_n e^{-k^2 n^2 t} \sin nt, \quad c_n = \dfrac{2}{\pi} \int_0^{\pi} \left(f(\lambda) - \dfrac{A}{\pi}\lambda \right) \sin n\lambda\, d\lambda$$

問 **7.7** 次の熱伝導方程式の初期値・境界値問題を解け.

$\dfrac{\partial u}{\partial t} = k^2 \dfrac{\partial^2 u}{\partial x^2}$ $(u = u(x,t)\,;\ 0 < x < c,\ t > 0)$

初期条件：$u(x,0) = \begin{cases} 1 & (0 < x \leqq c/2) \\ 0 & (c/2 \leqq x < c) \end{cases}$

境界条件：$u(0,t) = u(c,t) = 0$ $(t > 0)$

7.3 偏微分方程式の初期値問題，初期値・境界値問題

● より理解を深めるために

例題 7.8 ─────────── 熱伝導方程式の初期値問題

次の熱伝導方程式の初期値問題（コーシー問題）を解け．
$$\frac{\partial u}{\partial t} = k^2 \frac{\partial^2 u}{\partial x^2} \quad (u = u(x,t)\,;\, -\infty < x < \infty,\, t > 0)$$

初期条件：$u(x,0) = \begin{cases} 1 & (-1 \leqq x \leqq 1) \\ 0 & （その他） \end{cases}$

【解】 $f(x) = \begin{cases} 1 & (-1 \leqq x \leqq 1) \\ 0 & （その他） \end{cases}$ とおくと，

$f(x)$ は区分的に滑らか（⇨ 図 7.4）で，
$$\int_{-\infty}^{\infty} |f(x)|dx = \int_{-1}^{1} 1\,dx = \left[x\right]_{-1}^{1} = 2$$
であるので，p.93 の熱伝導方程式の初期値問題を用いることができる．p.93 の (14) より，

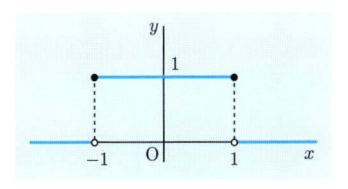

図 7.4

$$u(x,t) = \frac{1}{2k\sqrt{\pi t}} \int_{-1}^{1} e^{-(x-\lambda)^2/4k^2 t} d\lambda$$

ここで $\dfrac{\lambda - x}{2k\sqrt{t}} = \xi$ と変数変換すると，$d\lambda = 2k\sqrt{t}\,d\xi$ であるので，

$$u(x,t) = \frac{1}{\sqrt{\pi}} \int_{-(1+x)/2k\sqrt{t}}^{(1-x)/2k\sqrt{t}} e^{-\xi^2} d\xi = \frac{1}{\sqrt{\pi}} \left\{ \int_0^{(1-x)/2k\sqrt{t}} e^{-\xi^2} d\xi + \int_0^{(1+x)/2k\sqrt{t}} e^{-\xi^2} d\xi \right\}$$

$$= \frac{1}{2} \left(\operatorname{erf} \frac{1-x}{2k\sqrt{t}} + \operatorname{erf} \frac{1+x}{2k\sqrt{t}} \right) \quad \left(\text{ただし } \operatorname{erf} x = \frac{2}{\sqrt{\pi}} \int_0^x e^{-\xi^2} d\xi \text{ は誤差関数である．} \right)$$

問 7.8[†] 次の熱伝導方程式の初期値問題 (直線状の熱伝導体が両側に十分長い場合) (コーシー問題) を証明せよ．

$$\frac{\partial u}{\partial t} = k^2 \frac{\partial^2 u}{\partial x^2} \quad (u = u(x,t)\,;\, -\infty < x < \infty,\, t > 0)$$

初期条件 $u(x,0) = f(x)\,(-\infty < x < \infty)$ の解は

$$u(x,t) = \frac{1}{2k\sqrt{\pi t}} \int_{-\infty}^{\infty} f(\lambda) e^{-(x-\lambda)^2/4k^2 t} d\lambda$$

ただし，$f(x)$ は区分的に滑らかで，$\int_{-\infty}^{\infty} |f(x)|$ は収束するものとする．

[†] 変数分離法，フーリエ重積分公式を用いよ．

● **より理解を深めるために**

―**例題 7.9**―――――――――――――――ラプラス方程式の境界値問題―

次のラプラス方程式の境界値問題 (長方形領域に関するディリクレ問題) を解け.

$$\Delta u = \frac{\partial^2 u}{\partial x^2} + \frac{\partial^2 u}{\partial y^2} = 0 \quad (u = u(x,y) \,;\, 0 < x < a,\, 0 < y < b)$$

境界条件：$\begin{cases} u(0,y) = u(a,y) = 0 \quad (0 < y < b) \\ u(x,b) = 0,\, u(x,0) = \sin(\pi x/a) \quad (0 < x < a) \end{cases}$

【解】 与えられた偏微分方程式は，p.93(16) の境界条件の中の $f(x)$ が $\sin(\pi x/a)$ の場合である．この $f(x)$ は連続で，微分可能であり，$f(0) = f(a) = 0$ であるので，p.93 (17) より，

$$\begin{cases} u(x,y) = \sum_{n=1}^{\infty} d_n \dfrac{\{\sinh n\pi(b-y)\}/a}{(\sinh n\pi b)/a} \sin\dfrac{n\pi x}{a} \\ d_n = \dfrac{2}{a}\int_0^a \sin\dfrac{\pi\lambda}{a} \sin\dfrac{n\pi\lambda}{a} d\lambda \end{cases}$$

$n = 1$ のとき

$$d_1 = \frac{2}{a}\int_0^a \left(\sin\frac{\pi\lambda}{a}\right)^2 d\lambda = \frac{2}{a}\int_0^a \frac{1}{2}\left(1 - \cos\frac{2\pi\lambda}{a}\right) d\lambda = 1$$

$n \geqq 2$ のとき

$$d_n = \frac{2}{a}\int_0^a \sin\frac{\pi\lambda}{a} \sin\frac{n\pi\lambda}{a} d\lambda = \frac{2}{a}\frac{1}{2}\int_0^a \left\{\cos\frac{\pi(1-n)\lambda}{a} - \cos\frac{\pi(1+n)\lambda}{a}\right\} d\lambda$$

$$= \frac{1}{a}\left[\frac{a}{\pi(1-n)}\sin\frac{\pi(1-n)\lambda}{a} - \frac{a}{\pi(1+n)}\sin\frac{\pi(1+n)\lambda}{a}\right]_0^a = 0$$

$$\therefore \quad u(x,y) = \frac{\sinh\pi(b-y)}{a}\sin\frac{\pi x}{a} \bigg/ \frac{\sinh\pi b}{a}$$

問 7.9 次のラプラス方程式の境界値問題 (長方形領域に関するディリクレ問題) を解け.

$$\Delta u = \frac{\partial^2 u}{\partial x^2} + \frac{\partial^2 u}{\partial y^2} = 0 \quad (u = u(x,y) \,;\, 0 < x < a,\, 0 < y < b)$$

境界条件：$\begin{cases} u(x,0) = \alpha \sin\dfrac{\pi x}{a} + \beta \sin\dfrac{2\pi x}{a} \quad (\alpha, \beta \text{ は定数}) \\ u(x,b) = 0, \quad u(0,y) = 0, \quad u(a,y) = 0 \end{cases}$

演習問題

問題 7.1 ──────────────────── 波動方程式の初期値問題 ──

$u_{tt} = c^2 u_{xx}$ ($u = u(x,t)$; $-\infty < x < \infty$, $t > 0$) ①

初期条件：$\begin{cases} u(x,0) = f(x) \\ u_t(x,0) = F(x) \end{cases}$ ($-\infty < x < \infty$) ② ③

の解が次のようになることを示せ．

$$u(x,t) = \frac{1}{2}\{f(x-ct) + f(x+ct)\} + \frac{1}{2c}\int_{x-ct}^{x+ct} F(\lambda)d\lambda \quad ④$$

(ストークスの波動公式)

【解】 ①の解は p.74 の定理 6.2 より，次のようになる．

$$u(x,t) = \varphi(x-ct) + \psi(x+ct) \quad (\varphi, \psi \text{ は任意関数}) \quad ⑤$$

この解が初期条件②，③を満たすように φ, ψ を決定してゆく．

⑤を②に代入して，$u(x,0) = \varphi(x) + \psi(x) = f(x)$ ⑥

次に⑤を t について偏微分すれば，

$$u_t(x,t) = -c\varphi'(x-ct) + c\psi'(x+ct) \quad ⑦$$

これに③を用いて， $u_t(x,0) = -c\varphi'(x) + c\psi'(x) = F(x)$ ⑧

この式の両辺を積分すれば，

$$-c\varphi(x) + c\psi(x) = \int_{x_0}^{x} F(\lambda)d\lambda + C \quad (C = -c\varphi(x_0) + c\psi(x_0))$$

$$\therefore \quad \psi(x) - \varphi(x) = \frac{1}{c}\int_{x_0}^{x} F(\lambda)d\lambda + \frac{C}{c} \quad ⑨$$

⑥ − ⑨ より $\displaystyle\varphi(x) = \frac{1}{2}\left\{f(x) - \frac{1}{c}\int_{x_0}^{x} F(\lambda)d\lambda - \frac{C}{c}\right\}$ ⑩

⑥ + ⑨ より $\displaystyle\psi(x) = \frac{1}{2}\left\{f(x) + \frac{1}{c}\int_{x_0}^{x} F(\lambda)d\lambda + \frac{C}{c}\right\}$ ⑪

⑩，⑪を⑤に代入すると，$\displaystyle u(x,t) = \frac{1}{2}\{f(x-ct) + f(x+ct)\} + \frac{1}{2c}\int_{x-ct}^{x+ct} F(\lambda)d\lambda$

(解答は章末の p.107 に掲載されています.)

演習 7.1 次の偏微分方程式を解け．

$u_{tt} = u_{xx}$ ($u = u(x,t)$; $-\infty < x < \infty$, $t > 0$)

初期条件：$u(x,0) = 0$, $u_t(x,t) = \sin x$

研究　熱伝導方程式の初期値・境界値問題，ラプラス方程式の境界値問題

(1) 熱伝導方程式の初期値・境界値問題

p.93 で述べた次の解法を，変数分離法 (⇨ p.89) およびフーリエ級数 (⇨ p.82, 84) を用いて証明する．

熱伝導方程式の初期値・境界値問題

$\dfrac{\partial u}{\partial t} = k^2 \dfrac{\partial^2 u}{\partial x^2}$ 　$(u = u(x,t)\,;\ 0 < x < c,\ t > 0)$ 　①

初期条件：$u(x, 0) = f(x)$ 　$(0 < x < c)$ 　②

境界条件：$u(0, t) = u(c, t) = 0$ 　$(t > 0)$ 　③

のとき，解が
$\begin{cases} u(x,t) = \displaystyle\sum_{n=1}^{\infty} c_n e^{-(kn\pi/c)^2 t} \sin \dfrac{n\pi}{c} x \\ c_n = \dfrac{2}{c}\displaystyle\int_0^c f(\lambda) \sin \dfrac{n\pi}{c} \lambda\, d\lambda \end{cases}$
 となることを証明せよ．

【証明】 まず変数分離法 (⇨ p.89) によって③を満たす①の解を求めよう．

$$u(x, t) = g(x)h(t)$$

としてこれを①に代入すれば，

$$\frac{g''(x)}{g(x)} = \frac{h'(t)}{k^2 h(t)}$$

を得る．

左辺は t を含まず，右辺は x を含まないから上式は定数 ($= \lambda$ とおく) である．

$$\therefore\quad g''(x) - \lambda g(x) = 0,\quad h'(t) - \lambda k^2 h(t) = 0 \qquad ④$$

$$
\begin{aligned}
0 \leqq \int_0^c (g'(x))^2 dx &= \Big[g(x)g'(x)\Big]_0^c - \int_0^c g(x)g''(x)\,dx \\
&= -\int_0^c g(x)g''(x)\,dx \quad (\text{③より } g(0) = g(c) = 0) \\
&= -\lambda \int_0^c (g(x))^2 dx \quad (\text{④の第 1 式より } g''(x) \text{ に } \lambda g(x) \text{ を代入})
\end{aligned}
$$

よって $\lambda < 0$ である．ゆえに④の第 1 式は定数係数の 2 階線形常微分方程式であるので，p.22 の解法 3.1 の (3) によりこれを解くと，

$$g(x) = B_1 \cos\sqrt{-\lambda}\,x + C_1 \sin\sqrt{-\lambda}\,x$$

を得る．一方③から $g(0) = g(c) = 0$．ゆえに

$$B_1 = 0, \quad \sin\sqrt{-\lambda}\,c = 0, \quad \sqrt{-\lambda} = \frac{n\pi}{c} \quad \therefore\ \lambda = -\frac{n^2\pi^2}{c^2}$$

したがって，
$$g(x) = C_1 \sin\frac{n\pi}{c}x \quad (n = 1, 2, \cdots)$$

また，$\lambda = -\dfrac{n^2\pi^2}{c^2}$ として④の第2式は1階同次線形常微分方程式であるので，これを解けば

$$h(t) = C_2 e^{-(kn\pi/c)^2 t}$$

ゆえに①，③を満たす $u(x,t)$ として

$$u(x,t) = C_1 \sin\frac{n\pi}{c}x \cdot C_2 e^{-(kn\pi/c)^2 t} = A_n e^{-(kn\pi/c)^2 t} \sin\frac{n\pi}{c}x$$

を得る．いま
$$u(x,t) = \sum_{n=1}^{\infty} A_n e^{-(kn\pi/c)^2 t} \sin\frac{n\pi}{c}x \qquad ⑤$$

としてこれが求める解となるように A_n を定めよう．$t = 0$ とすると

$$u(x,0) = \sum_{n=1}^{\infty} A_n \sin\frac{n\pi}{c}x$$

これが $f(x)$ に等しくなるためには A_n を $f(x)$ のフーリエ係数 (⇨p.82)

$$A_n = \frac{2}{c}\int_0^c f(\lambda) \sin\frac{n\pi}{c}\lambda\,d\lambda$$

とすればよい．このとき⑤は

$$u(x,t) = \frac{2}{c}\sum_{n=1}^{\infty} e^{-(kn\pi/c)^2 t} \sin\frac{n\pi}{c}x \int_0^c f(\lambda) t \sin\frac{n\pi}{c}\lambda\,d\lambda \qquad ⑥$$

となる．⑥が②，③を満足することは容易にわかる．次に，

$$\frac{\partial u(x,t)}{\partial t} = \frac{2}{c}\sum_{n=1}^{\infty}\left\{-\left(\frac{kn\pi}{c}\right)^2\right\} e^{-(kn\pi/c)^2 t} \sin\frac{n\pi}{c}x \int_0^c f(\lambda) \sin\frac{n\pi}{c}\lambda\,d\lambda$$

および

$$k^2\frac{\partial^2 u(x,t)}{\partial x^2} = \frac{2}{c}\sum_{n=1}^{\infty}\left\{-\left(\frac{kn\pi}{c}\right)^2\right\} e^{-(kn\pi/c)^2 t} \sin\frac{n\pi}{c}x \int_0^c f(\lambda) \sin\frac{n\pi}{c}\lambda\,d\lambda$$

より⑥が①を満たすことが示された．よって⑥が求める解である．

　この問題の $f(x)$ は $0 \leqq x \leqq c$ で連続で，区分的に滑らかな関数とする．また $f(0) = f(c) = 0$ で，$[-c, c]$ で奇関数となるように接続，さらに周期 $2c$ で $(-\infty, \infty)$ まで接続する．

(2) ラプラス方程式の境界値問題 (長方形に関するディリクレ問題)

p.93 で述べた次の解法を，変数分離法 (⇨ p.89) および重ね合わせの原理 (⇨ p.88) を用いて証明する．

> **ラプラス方程式の境界値問題 (長方形に関するディリクレ問題)**
>
> $$\Delta u = \frac{\partial^2 u}{\partial x^2} + \frac{\partial^2 u}{\partial y^2} = 0 \quad (u = u(x,y)\,;\, 0 < x < a,\, 0 < y < b) \quad ①$$
>
> 境界条件：$\begin{cases} u(0,y) = 0,\ u(a,y) = 0 & (0 < y < b) \quad ② \\ u(x,b) = 0,\ u(x,0) = f(x) & (0 < x < a) \quad ③ \end{cases}$
>
> のとき，解が $\begin{cases} u(x,y) = \displaystyle\sum_{n=1}^{\infty} d_n \frac{\{\sinh n\pi(b-y)\}/a}{\{\sinh n\pi b\}/a} \sin\frac{n\pi x}{a} \\ d_n = \dfrac{2}{a}\displaystyle\int_0^a f(\lambda) \sin\frac{n\pi\lambda}{a} d\lambda \end{cases}$
>
> となることを証明せよ．

【証明】 変数分離法によって②を満たす①の解を求めよう．

$$u(x,y) = g(x)h(y)$$

として①に代入するとき，

$$\frac{g''(x)}{g(x)} = -\frac{h''(y)}{h(y)}$$

左辺は y を含まず，右辺は x を含まないから上式は定数 ($= \lambda$ とおく) である．

$$\therefore\quad g''(x) = \lambda g(x),\quad h''(y) = -\lambda h(y)$$

第1式から

$$0 \leqq \int_0^a (g'(x))^2 dx = \left[g(x)g'(x)\right]_0^a - \int_0^a g(x)g''(x)dx = -\lambda \int_0^a (g(x))^2 dx$$

$\lambda \geqq 0$ とすると，$u(x,y) = 0$ となりこのような自明な解は省くことにすると $\lambda < 0$ となる．よって

$$g''(x) - \lambda g(x) = 0,\quad h''(y) + \lambda h(y) = 0 \qquad ④$$

この第1式は2階線形同次常微分方程式であるので p.22 の解法 3.1 の (3) によりこれを解くと，

$$g(x) = C_1 \cos\sqrt{-\lambda}\,x + C_2 \sin\sqrt{-\lambda}\,x$$

$g(0) = g(a) = 0$ から

$$C_1 = 0,\quad \sin\sqrt{-\lambda}\,a = 0,\quad \lambda = -\left(\frac{n\pi}{a}\right)^2 \quad (n = 1, 2, \cdots)$$

を得る．$C_2 = 1$ としてさしつかえないから，次式を得る．

$$g_n(x) = \sin\frac{n\pi x}{a} \quad (n = 1, 2, \cdots)$$

④の第2式も2階線形同次常微分方程式であるので，$\lambda = -\left(\dfrac{n\pi}{a}\right)^2$ とすると，

$$h_n(y) = A_n e^{\{(n\pi/a)\}y} + B_n e^{-\{(n\pi/a)\}y}$$
$$= (A_n + B_n)\cosh\dfrac{n\pi}{a}y + (A_n - B_n)\sinh\dfrac{n\pi}{a}y$$

A_n, B_n は任意定数であるので，$A_n + B_n$，$A_n - B_n$ を改めて A_n, B_n と書くことにすれば，

$$h_n(y) = A_n \cosh\dfrac{n\pi}{a}y + B_n \sinh\dfrac{n\pi}{a}y \quad (n = 1, 2, \cdots)$$

次に $u(x, y) = g_n(x)h_n(y)$ が③の $u(x, b) = 0$ を満たすことから

$$\dfrac{A_n}{B_n} = -\sinh\dfrac{n\pi b}{a} \Big/ \cosh\dfrac{n\pi b}{a}$$

したがって

$$u(x, y) = C_n \sin\dfrac{n\pi x}{a} \sinh\dfrac{n\pi(b-y)}{a}$$

と表すことができる．ゆえに求める解は重ね合わせの原理 (⇨ p.88) より

$$u(x, y) = \sum_{n=1}^{\infty} C_n \sin\dfrac{n\pi x}{a} \sinh\dfrac{n\pi(b-y)}{a} \qquad ⑤$$

と書ける．一方 $f(0) = f(a) = 0$ であるから $[-a, a]$ で $f(x)$ が奇関数となるように接続し，さらに x について周期 $2a$ で $(-\infty, \infty)$ まで接続する．このとき $f(x)$ をフーリエ展開して，

$$f(x) = \dfrac{2}{a}\sum_{n=1}^{\infty} \sin\dfrac{n\pi x}{a} \int_0^a f(\lambda)\sin\dfrac{n\pi\lambda}{a}d\lambda \qquad ⑥$$

⑤が③の第2式を満たすことから⑤と⑥の係数を比べて，

$$C_n \sinh\dfrac{n\pi b}{a} = \dfrac{2}{a}\int_0^a f(\lambda)\sin\dfrac{n\pi\lambda}{a}d\lambda$$

以上から解は

$$u(x, y) = \dfrac{2}{a}\sum_{n=1}^{\infty} \dfrac{\{\sinh n\pi(b-y)\}/a}{(\sinh n\pi b)/a} \sin\dfrac{n\pi x}{a} \int_0^a f(\lambda)\sin\dfrac{n\pi\lambda}{a}d\lambda \qquad ⑦$$

となる．

問の解答(第7章)

問 7.1 (1) $f(x) = x$ は $[-\pi, \pi]$ で区分的に滑らかで連続,周期 2π で接続する (⇨ 図 7.5). p.82 の定理 7.1 より

$$a_n = \frac{1}{\pi}\int_{-\pi}^{\pi} x\cos nx\, dx = 0$$

$$b_n = \frac{1}{\pi}\int_{-\pi}^{\pi} x\sin nx\, dx = \frac{2}{\pi}\int_{0}^{\pi} x\sin x\, dx = (-1)^{n-1}\frac{2}{n}$$

$$\therefore\quad x = (-1)^{n-1}\frac{2}{n}\sin nx$$

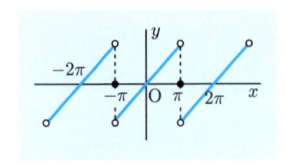

図 7.5

(2) $f(x) = x^2$ は $[-\pi, \pi]$ で区分的に滑らかで連続,周期 2π で接続する (⇨ 図 7.6). p.82 の定理 7.1 より

$$b_n = \frac{1}{\pi}\int_{-\pi}^{\pi} x^2 \sin nx\, dx = 0$$

$$a_0 = \frac{1}{\pi}\int_{-\pi}^{\pi} x^2\, dx = \frac{1}{\pi}\left[\frac{x^3}{3}\right]_{-\pi}^{\pi} = \frac{2}{3}\pi^2$$

$$a_n = \frac{1}{\pi}\int_{-\pi}^{\pi} x^2\cos nx\, dx = \frac{2}{\pi}\int_0^{\pi} x^2 \cos nx\, dx = (-1)^n \frac{4}{n^2}$$

$$\therefore\quad x^2 = \frac{\pi^2}{3} + \sum_{n=1}^{\infty}(-1)^n\frac{4}{n^2}\cos nx$$

図 7.6

(3) $f(x) = |x|$ は $[-\pi, \pi]$ で区分的に滑らかで,連続,周期 2π で接続する (⇨ 図 7.7). p.82 の定理 7.1 より

$$b_n = \frac{2}{\pi}\int_0^{\pi} x\sin nx\, dx = 0$$

$$a_0 = \frac{2}{\pi}\int_0^{\pi} x\, dx = \pi$$

$$a_n = \frac{2}{\pi}\int_0^{\pi} x\cos nx\, dx = \frac{2}{n^2\pi}\{(-1)^n - 1\} = \begin{cases} 0 & (n:\text{偶数}) \\ -4/n^2\pi & (n:\text{奇数}) \end{cases}$$

$$\therefore\quad |x| = \frac{\pi}{2} - \frac{4}{\pi}\sum_{n=1}^{\infty}\frac{1}{(2n-1)^2}\cos(2n-1)x$$

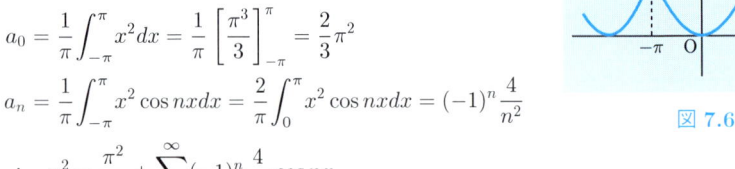

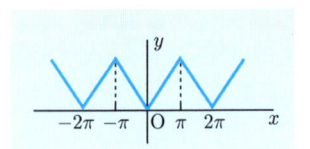

図 7.7

(4) $f(x)$ は $[-\pi, \pi]$ で区分的に滑らかで,連続,周期 2π で接続する. (⇨ 図 7.8) p.82 の定理 7.1 より

$$a_0 = \frac{1}{\pi}\int_{-\pi}^{\pi} f(x)\, dx = \frac{1}{\pi}\int_0^{\pi}\sin x\, dx = \frac{2}{\pi}$$

$$a_1 = \frac{1}{\pi}\int_{-\pi}^{\pi} f(x)\cos x\, dx = \frac{1}{\pi}\int_0^{\pi}\cos x\, dx = 0$$

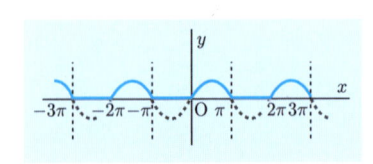

図 7.8

$n \geqq 2$ のとき

$$a_n = \frac{1}{\pi}\int_{-\pi}^{\pi} f(x)\cos nx dx = \frac{1}{\pi}\int_0^{\pi}\sin x\cos nx dx = \begin{cases} 0 & (n:奇数) \\ \dfrac{2}{\pi(1-n^2)} & (n:偶数) \end{cases}$$

一方,

$$b_1 = \frac{1}{\pi}\int_{-\pi}^{\pi} f(x)\sin x dx = \frac{1}{\pi}\int_0^{\pi}\sin x dx = \frac{1}{2}$$

$n \geqq 2$ のとき

$$b_n = \frac{1}{\pi}\int_{-\pi}^{\pi} f(x)\sin nx dx = \frac{1}{\pi}\int_0^{\pi}\sin x\sin nx dx = 0$$

$$\therefore \quad f(x) = \frac{1}{\pi} + \frac{\sin x}{2} - \frac{2}{\pi}\sum_{n=1}^{\infty}\frac{1}{4n^2-1}\cos 2nx$$

問 7.2 (1) $f(x)$ は $[-1,1]$ で連続で, 区分的に滑らかな 2 $(l=1)$ を周期とする (⇨ 図 7.9). p.84 の定理 7.2 より,

$$a_0 = \int_0^1 x dx = \frac{1}{2}$$

$$a_n = \int_{-1}^1 f(x)\cos nx dx = \int_0^1 x\cos nx dx$$

$$= \frac{\cos n\pi - 1}{n^2\pi^2} = \begin{cases} -2/n^2\pi^2 & (n:奇数) \\ 0 & (n:偶数) \end{cases}$$

$$b_n = \int_{-1}^1 f(x)\sin nx dx = \int_0^1 x\sin nx dx = \frac{(-1)^{n+1}}{n\pi}$$

$$\therefore \quad f(x) = \frac{1}{4} - \frac{2}{\pi^2}\left(\cos\pi x + \frac{\cos 3\pi x}{3^2} + \cdots + \frac{\cos(2n-1)\pi x}{(2n-1)^2} + \cdots\right)$$
$$+ \frac{1}{\pi}\left(\sin\pi x - \frac{\sin 2\pi x}{2} + \cdots + (-1)^{n+1}\frac{\sin n\pi x}{n} + \cdots\right)$$

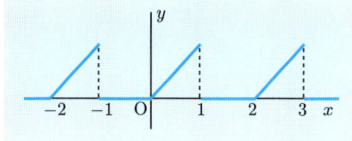

図 7.9

(2) $f(x)$ は $[0,2]$ で連続で, 区分的に滑かな関数である. 周期 2 で接続すると偶関数となる. p.84 の定理 7.3 の (1) を用いる.

$$b_n = 0$$

$$a_0 = \int_0^1 \pi x dx + \int_1^2 \pi(2-x) dx = \pi$$

$$a_n = \int_0^1 \pi x\cos n\pi x dx + \int_1^2 \pi(2-x)\cos n\pi x dx = \begin{cases} 0 & (n:偶数) \\ -4/n^2\pi & (n:奇数) \end{cases}$$

$$\therefore \quad f(x) = \frac{\pi}{2} - \frac{4}{\pi}\sum_{n=0}^{\infty}\frac{\cos(2n+1)\pi x}{(2n+1)^2}$$

(3) $f(x) = x^2 + x$, $f'(x) = 2x + 1$ は $-1 < x < 1$ で連続,周期 2 で接続する. p.84 の定理 7.2 の (1) により,

$$a_0 = \int_{-1}^{1} (x^2 + x) dx = \frac{2}{3}$$

$$a_n = \int_{-1}^{1} (x^2 + x) \cos n\pi x dx = (-1)^n \frac{4}{n^2 \pi^2}$$

$$b_n = \int_{-1}^{1} (x^2 + x) \sin n\pi x dx = (-1)^{n+1} \frac{2}{n\pi}$$

$$\therefore \quad x^2 + x = \frac{1}{3} + \frac{2}{\pi} \sum_{n=1}^{\infty} (-1)^n \left(\frac{2}{n^2 \pi} \cos n\pi x - \frac{1}{n} \sin n\pi x \right)$$

問 7.3 (1) $f(x) = e^{-x}$ は区分的に滑らかで,$|e^{-x}| \leqq 1/x^2$ $(0 \leqq x < \infty)$ であるので e^{-x} は絶対可積分である. p.86 の定理 7.4 により,

$$e^{-x} = \frac{1}{\pi} \int_0^{\infty} du \int_{-\infty}^{\infty} e^{-t} \cos u(x-t) dt = \frac{2}{\pi} \int_0^{\infty} \cos ux du \int_0^{\infty} e^{-t} \cos ut dt$$

$$\int_0^{\infty} e^{-t} \cos ut\, dt = \left[\frac{e^{-t}}{1+u^2} (-\cos ut + u \sin ut) \right]_0^{\infty \dagger} = \frac{1}{1+u^2}$$

$$\therefore \quad \frac{\pi}{2} e^{-x} = \int_0^{\infty} \frac{\cos ux}{1+u^2} du$$

問 7.4 (1) $f(x)$ は区分的に滑らかで絶対可積分より,p.86 の定理 7.5 を用いる.

$$F(u) = \frac{1}{\sqrt{2\pi}} \int_{-\infty}^{\infty} f(t) e^{-iut} dt = \frac{1}{\sqrt{2\pi}} \int_{-a}^{a} e^{-iut} dt = \sqrt{\frac{2}{\pi}} \frac{\sin ua}{u}$$

(2) $f(x)$ は区分的に滑らかで絶対可積分より,p.86 の定理 7.5 を用いる.

$$F(u) = \frac{1}{\sqrt{2\pi}} \int_{-\infty}^{\infty} f(t) e^{-iut} dt = \frac{1}{\sqrt{2\pi}} \int_{-1}^{1} (1 - |t|) e^{-iut} dt \quad ^{\dagger\dagger}$$

$$= \frac{1}{\sqrt{2\pi}} \int_0^1 (1-t) \cos ut\, dt = \sqrt{\frac{2}{\pi}} \frac{1}{u^2} (1 - \cos u)$$

問 7.5 p.88 の波動方程式の初期値・境界値問題で,$c = 1$, $l = \pi$, $f(x) = 0$, $F(x) = \sin x + \sin 2x$ とした場合である.

$$a_n = 0, \quad b_n = \frac{2}{\pi} \int_0^{\pi} (\sin x + \sin 2x) \sin nx\, dx, \quad b_1 = b_2 = 1, \quad b_n = 0 \ (n \geqq 2)$$

$$\therefore \quad u(x,t) = \sin x \cos t + \sin 2x \cos 2t$$

$\dagger$ $\displaystyle\int e^{ax} \cos bx\, dx = \frac{e^{ax}}{a^2 + b^2} (a \cos bx + b \sin bx)$

(⇨『基本例解テキスト微分積分』(サイエンス社) p.81)

$\dagger\dagger$ $e^{-iut} = \cos ut - i \sin ut$

問 7.6　p.88 のストークスの波動公式を用いる．$c=1$, $f(x)=\sin x$, $F(x)=0$ であるから，
$$u(x,t)=\frac{1}{2}\{\sin(x+t)+\sin(x-t)\}=\sin x\cos t$$

問 7.7　p.93 の熱伝導方程式の初期値・境界値問題で，
$$f(x)=\begin{cases}1 & (0<x\leqq c/2)\\ 0 & (c/2\leqq x<2)\end{cases}$$
のときである．よって，p.93 の (11) より
$$\begin{cases}u(x,t)=\displaystyle\sum_{n=1}^{\infty}c_n e^{-(kn\pi/c)^2 t}\sin\frac{n\pi}{c}x\\ c_n=\displaystyle\frac{2}{c}\int_0^c f(\lambda)\sin\frac{n\pi}{c}\lambda d\lambda=\frac{2}{c}\int_0^{c/2}1\cdot\sin\frac{n\pi}{c}\lambda d\lambda=\frac{4}{n\pi}\sin\left(\frac{n\pi}{4}\right)^2\end{cases}$$
$$\therefore\quad u(x,t)=\sum_{n=1}^{\infty}c_n e^{-(kn\pi/c)^2 t}\sin\frac{n\pi}{c}x,\quad c_n=\frac{4}{n\pi}\sin\left(\frac{n\pi}{4}\right)^2$$

問 7.8　与えられた問題は熱伝導方程式の初期値問題 (コーシー問題) (⇨p.93) である．
$$\frac{\partial u}{\partial t}=k^2\frac{\partial^2 u}{\partial x^2}\quad(u=u(x,t)\,;\,-\infty<x<\infty,\,t>0)\qquad①$$
$$初期条件：u(x,0)=f(x)\quad(-\infty<x<\infty)\qquad②$$
のとき，解は $u(x,t)=\displaystyle\frac{1}{2k\sqrt{\pi t}}\int_{-\infty}^{\infty}f(\lambda)e^{-(x-\lambda)^2/4k^2 t}d\lambda$ となることを証明する．

変数分離法 (⇨p.89) を用いるため，
$$u(x,t)=g(x)h(t)\qquad③$$
として①に代入すると，
$$\frac{g''(x)}{g(x)}=\frac{h'(t)}{k^2 h(t)}$$
を得る．これの左辺は t を含まず右辺は x を含まないので定数 ($=\lambda$ とおく) である．$\displaystyle\lim_{x\to\pm\infty}u(x,t)=0$ とみてよいので，p.89 と同様にして λ は負となるので $-\alpha^2$ ($\alpha>0$) とおく．よって，
$$g''(x)+\alpha^2 g(x)=0,\quad h'(t)+\alpha^2 k^2 h(t)=0\qquad④$$
となる．④の第 1 式は定数係数 2 階同次線形常微分方程式 (⇨p.22 の解法 3.1) であり，第 2 式は定数係数 1 階同次線形常微分方程式 (⇨p.12 の解法 2.4) であるので，それぞれ解いて③に代入すると，①を満たす解として，
$$u(x,t)=e^{-k^2\alpha^2 t}(A\cos\alpha x+B\sin\alpha x)$$
を得る．いま $A=C\cos\alpha\lambda$, $B=C\sin\alpha\lambda$ とおけば

$$u(x,t) = Ce^{-k^2\alpha^2 t}\cos\alpha(x-\lambda)$$

したがって改めて

$$u(x,t) = \frac{1}{\pi}\int_0^\infty d\alpha \int_{-\infty}^\infty e^{-k^2\alpha^2 t}\cos\alpha(x-\lambda)f(\lambda)d\lambda \qquad ⑤$$

とおくとき，微分と積分の順序交換ができるとすると ⑤ は ① を満たすことがわかる．

また $t=0$ とすれば

$$u(x,0) = \frac{1}{\pi}\int_0^\infty d\alpha \int_{-\infty}^\infty \cos\alpha(x-\lambda)f(\lambda)d\lambda$$

となる．これはフーリエの積分公式（⇨ p.86 の定理 7.4）より $f(x)$ に等しい．このように形式的に得られた ⑤ が ① を満たすことを示すために ⑤ をさらに変形しよう．そのために下記の注意 7.3 の

$$\psi(x) = \int_0^\infty e^{-p^2\alpha^2}\cos\alpha(x-\lambda)d\alpha = \frac{\sqrt{\pi}}{2p}e^{-(x-\lambda)^2/4p^2} \qquad ⑥$$

を用いる．⑤ において積分順序の交換を仮定すると

$$u(x,t) = \frac{1}{\pi}\int_{-\infty}^\infty f(\lambda)d\lambda \int_0^\infty e^{-k^2\alpha^2 t}\cos\alpha(x-\lambda)d\alpha \qquad ⑦$$

となり ⑥ において $p = k\sqrt{t}$ とおくと ⑥，⑦ より

$$u(x,t) = \frac{1}{2k\sqrt{\pi t}}\int_{-\infty}^\infty f(\lambda)e^{-(x-\lambda)^2/4k^2 t}d\lambda \qquad ⑧$$

ここで $\dfrac{\lambda - x}{2k\sqrt{t}} = \xi$ とおけば，

$$u(x,t) = \frac{1}{\sqrt{\pi}}\int_{-\infty}^\infty f\bigl(x+2k\xi\sqrt{t}\bigr)e^{-\xi^2}d\xi \qquad ⑨$$

⑨ が ① を満たすことを示そう．

$$\frac{\partial u}{\partial t} = \frac{k}{\sqrt{\pi t}}\int_{-\infty}^\infty f'\bigl(x+2k\xi\sqrt{t}\bigr)e^{-\xi^2}\xi d\xi$$

$$\frac{\partial^2 u}{\partial x^2} = \frac{1}{\sqrt{\pi}}\int_{-\infty}^\infty f''\bigl(x+2k\xi\sqrt{t}\bigr)e^{-\xi^2}d\xi$$

$$= \frac{1}{2k\sqrt{\pi t}}\Bigl[f'\bigl(x+2k\xi\sqrt{t}\bigr)e^{-\xi^2}\Bigr]_{-\infty}^\infty + \frac{1}{k\sqrt{\pi t}}\int_{-\infty}^\infty f'\bigl(x+2k\xi\sqrt{t}\bigr)\xi e^{-\xi^2}d\xi$$

$$= \frac{1}{k\sqrt{\pi t}}\int_{-\infty}^\infty f'\bigl(x+2k\xi\sqrt{t}\bigr)\xi e^{-\xi^2}d\xi$$

これから ⑨ が ① を満たすことがわかる．

注意 7.3 $\psi(x) = \int_0^\infty e^{-p^2\alpha^2} \cos\alpha(x-\lambda) d\alpha = \dfrac{\sqrt{\pi}}{2p} e^{-(x-\lambda)^2/4p^2}$ を証明する．

【証明】
$$\frac{d}{dx}\psi(x) = \int_0^\infty \frac{d}{dx} e^{-p^2\alpha^2} \cos\alpha(x-\lambda) d\alpha$$
$$= \int_0^\infty \left(-e^{-p^2\alpha^2}\right) \alpha \sin\alpha(x-\lambda) d\alpha$$
$$= \left[\frac{e^{-p^2\alpha^2}}{2p} \sin\alpha(x-\lambda)\right]_0^\infty - \int_0^\infty \frac{e^{-p^2\alpha^2}}{2p^2}(x-\lambda)\cos\alpha(x-\lambda)d\alpha$$
$$= -\frac{x-\lambda}{2p^2}\int_0^\infty e^{-p^2\alpha^2}\cos\alpha(x-\lambda)d\alpha = -\frac{x-\lambda}{2p^2}\psi(x)$$

したがって，$\psi'(x) + \dfrac{x-\lambda}{2p^2}\psi(x) = 0$ という 1 階同次線形常微分方程式を解けばよい．これを解くと，$\psi(x) = ce^{\int\{-(x-\lambda)/2p^2\}dx}$，ゆえに $\psi(x) = ce^{-(x-\lambda)^2/4p^2}$ ⑩
$x = \lambda$ とすると，$\psi(x) = c$ となるので，

$$c = \int_0^\infty e^{-p^2\alpha^2} d\alpha = \frac{1}{p}\int_0^\infty e^{-u^2} du = \frac{\sqrt{\pi}}{2p} \qquad \left(\Rightarrow \begin{array}{l}\text{『基本微分積分』}\\ \text{(サイエンス社) p.203}\end{array}\right)$$

これを ⑩ に代入すると求める式が得られる．

問 7.9 p.93 のラプラス方程式の境界値問題で $f(x) = \alpha\sin\dfrac{\pi x}{a} + \beta\sin\dfrac{2\pi x}{a}$ (α, βは定数) の場合である．

$$u(x,y) = \alpha \frac{\sin\dfrac{\pi x}{a}\sinh\dfrac{\pi(b-y)}{a}}{\sinh\dfrac{\pi b}{a}} + \beta\frac{\sin\dfrac{2\pi x}{a}\sinh\dfrac{2\pi(b-y)}{a}}{\sinh\dfrac{2\pi b}{a}}$$

演習問題解答（第 7 章）

演習 7.1 p.88 の波動方程式の初期値問題 (コーシー問題) である．ただし，
$$f(x) = 0, \quad F(x) = \sin x, \quad c = 1$$
とする．p.88 の (7) より

$$u(x,t) = \frac{1}{2}\int_{x-t}^{x+t}\sin\lambda d\lambda = \frac{1}{2}\left[-\cos\lambda\right]_{x-t}^{x+t} = \frac{1}{2}\{\cos(x-t) - \cos(x+t)\}$$
$$= \sin x \sin t$$

8 ラプラス変換とその応用

8.1 ラプラス変換

◆ **ラプラス変換** $y = f(x)$ を $x \geqq 0$ で定義された区分的に連続な関数[†]とし，s を実数とする．このとき，

$$F(s) = \int_0^\infty e^{-sx} f(x) dx \qquad ①$$

が定まるならば，この式で定まる s の関数 $F(s)$ を $f(x)$ の**ラプラス変換**といい，$L(f(x))$ または $L(y)$ で表す．すなわち，

$$L(f(x)) = \int_0^\infty e^{-sx} f(x) dx \qquad ②$$

において，x の関数 $f(x)$ を**原関数**，s の関数 $L(f(x))$ を**像関数**という．

◆ **ラプラス変換の基本公式群** 具体的な関数について $L(f(x))$ を求める．

まず関数 $u(x)$ を次のように定義し，**ヘビサイドの関数**と呼ぶ．

$$u(x) = 1 \quad (x \geqq 0), \quad u(x) = 0 \quad (x < 0)$$

基本公式				
(1)	(定数関数)	$L(u(x)) = \dfrac{1}{s}$	$(s > 0)$	(⇨ 例題 8.1)
(2)	(べき関数)	$L(x^n) = \dfrac{n!}{s^{n+1}}$	$(s > 0,\ n = 1, 2, \cdots)$	(⇨ 例題 8.1)
(3)	(指数関数)	$L(e^{ax}) = \dfrac{1}{s-a}$	$(s > a)$	(⇨ 例題 8.1)
(4)	(三角関数)	$L(\cos bx) = \dfrac{s}{s^2 + b^2}$	$(s > 0)$	(⇨ 例題 8.2)
(5)		$L(\sin bx) = \dfrac{b}{s^2 + b^2}$	$(s > 0)$	(⇨ 例題 8.2)
(6)	(双曲線関数)	$L(\cosh bx) = \dfrac{s}{s^2 - b^2}$	$(s > \lvert b \rvert)$	(⇨ 例題 8.3)
(7)		$L(\sinh bx) = \dfrac{b}{s^2 - b^2}$	$(s > \lvert b \rvert)$	(⇨ 例題 8.3)

[†] 区分的に連続な関数 $f(x)$ は有限個の点を除いて連続で，不連続点 x_0 では，$f(x)$ の左側極限値 $f(x_0 - 0)$ および右側極限値 $f(x_0 + 0)$ をもつ．

● より理解を深めるために

― 例題 8.1 ― ラプラス変換の基本公式 (1), (2), (3) ―

次の各基本公式を証明せよ．

(1) $L(u(x)) = \dfrac{1}{s}$ $(s > 0)$ ($u(x)$ はヘビサイドの関数 (⇨ p.108))

(2) $L(x^n) = \dfrac{n!}{s^{n+1}}$ $(s > 0,\ n = 0, 1, 2, \cdots)$

(3) $L(e^{ax}) = \dfrac{1}{s-a}$ $(s > a)$

【証明】 (1) $L(u(x)) = \displaystyle\int_0^\infty e^{-sx} dx = \left[-\dfrac{1}{s}e^{-sx}\right]_0^\infty = -\dfrac{1}{s}\cdot 0 - \left(-\dfrac{1}{s}\cdot 1\right) = \dfrac{1}{s}$

(2) 部分積分法を用いて

$$L(x^n) = \int_0^\infty e^{-sx} x^n dx = \left[-\frac{1}{s}e^{-sx}x^n\right]_0^\infty - \int_0^\infty \left(-\frac{1}{s}e^{-sx}\right) nx^{n-1} dx$$

$s > 0$ のとき，$\displaystyle\lim_{x\to\infty}\dfrac{x^n}{e^{sx}} = \lim_{x\to\infty}\dfrac{nx^{n-1}}{se^{sx}} = \cdots = \lim_{x\to\infty}\dfrac{n!}{s^n e^{sx}} = 0$ （ロピタルの定理）

$$\therefore\quad L(x^n) = \frac{n}{s} L(x^{n-1}) \quad (s>0)$$

これをくり返して ($n=0$ のときは $L(1)$ である)

$$L(x^n) = \frac{n}{s}\frac{n-1}{s}\cdots\frac{1}{s}L(1) = \frac{n!}{s^n}\int_0^\infty e^{-sx}dx = \frac{n!}{s^{n+1}}$$

(3) $\quad L(e^{ax}) = \displaystyle\int_0^\infty e^{-sx}e^{ax}dx = \int_0^\infty e^{-(s-a)x}dx = \left[\dfrac{1}{-s+a}e^{-(s-a)x}\right]_0^\infty$

$s > a$ のとき，

$$\lim_{x\to\infty} e^{-(s-a)x} = 0 \text{ だから}\quad L(e^{ax}) = \lim_{x\to\infty}\left\{\frac{1}{-s+a}\left(e^{-(s-a)x}-1\right)\right\} = \frac{1}{s-a}$$

追記 8.1 α が実数のとき，$L(x^\alpha) = \dfrac{\Gamma(\alpha+1)}{s^{\alpha+1}}$ である．ここで $\Gamma(p) = \displaystyle\int_0^\infty e^{-x}x^{p-1}dx$ $(p>0)$ はガンマ関数 (⇨『基本例解テキスト微分積分』(サイエンス社) p.83) である．$\alpha = n$ が正の整数のとき，$\Gamma(n) = (n-1)!$ である．

(解答は章末の p.129 以降に掲載されています．)

問 8.1 次のラプラス変換を求めよ．

(1) $L(1)$　　(2) $L(e^{-3x})$　　(3) $L(e^{2x})$　　(4) $L(x^2)$　　(5) $L(x)$

● **より理解を深めるために**

―― 例題 8.2 ――――――――――――――――――― ラプラス変換の基本公式 (4), (5) ――

次の各基本公式を証明せよ．

(1) $L(\cos bx) = \dfrac{s}{s^2+b^2}$ $(s > 0)$

(2) $L(\sin bx) = \dfrac{b}{s^2+b^2}$ $(s > 0)$

【証明】 (1) $I = L(\cos bx) = \displaystyle\int_0^\infty e^{-sx}\cos bx\, dx = (*)$

積分公式 (⇨ 下記の注意 8.1) を用いて，

$$(*) = \left[\dfrac{e^{-sx}}{s^2+b^2}\bigl(-s\cos bx + b\sin bx\bigr)\right]_0^\infty$$

ここで，$s > 0$ より $x \to \infty$ のとき

$$|e^{-sx}\cos bx| \leqq e^{-sx} \to 0, \quad |e^{-sx}\sin bx| \leqq e^{-sx} \to 0 \qquad ①$$

$\therefore \quad I = \displaystyle\lim_{x\to\infty} \dfrac{e^{-sx}}{s^2+b^2}(-s\cos bx + b\sin bx) + \dfrac{s}{s^2+b^2} = \dfrac{s}{s^2+b^2} \quad (s > 0)$

(2) $\qquad I = L(\sin bx) = \displaystyle\int_0^\infty e^{-sx}\sin bx\, dx = (*)$

積分公式 (⇨ 下記の注意 8.1) を用いて，

$$(*) = \left[\dfrac{e^{-sx}}{s^2+b^2}\bigl(-s\sin bx - b\cos bx\bigr)\right]_0^\infty$$

ここで，$s > 0$ より $x \to 0$ のとき $|e^{-sx}\cos bx| \leqq e^{-sx} \to 0, \quad |e^{-sx}\sin bx| \leqq e^{-sx} \to 0$

$\therefore \quad I = \displaystyle\lim_{x\to\infty} \dfrac{e^{-sx}}{s^2+b^2}(-s\sin bx - b\cos bx) + \dfrac{b}{s^2+b^2} = \dfrac{b}{s^2+b^2} \quad (s > 0)$

注意 8.1 ここでは次の積分公式を用いている $\left(\begin{array}{l}\text{⇨『基本例解テキスト微分積分』}\\ \text{(サイエンス社)p.81 を参照}\end{array}\right)$

$$\int e^{ax}\cos bx\, dx = \dfrac{e^{ax}}{a^2+b^2}(a\cos bx + b\sin bx)$$

$$\int e^{ax}\sin bx\, dx = \dfrac{e^{ax}}{a^2+b^2}(a\sin bx - b\cos bx)$$

問 8.2 次のラプラス変換を求めよ．

(1) $L(\sin \pi x)$ (2) $L(\cos x/3)$

● **より理解を深めるために**

― 例題 8.3 ――――――――――――――――― ラプラス変換の基本公式 (6), (7) ―

次の基本公式を証明せよ．
(1) $L(\cosh bx) = \dfrac{s}{s^2 - b^2} \quad (s > |b|)$
(2) $L(\sinh bx) = \dfrac{b}{s^2 - b^2} \quad (s > |b|)$

【証明】 (1) $I = L(\cosh bx) = L\left(\dfrac{e^{bx} + e^{-bx}}{2}\right)$

$= \displaystyle\int_0^\infty \left(\dfrac{e^{bx} + e^{-bx}}{2}\right) f(x)dx = \dfrac{1}{2}\left\{\int_0^\infty e^{bx}f(x)dx + \int_0^\infty e^{-bx}f(x)dx\right\}$

$= \dfrac{1}{2}\left\{L(e^{bx}) + L(e^{-bx})\right\} = \dfrac{1}{2}\left(\dfrac{1}{s-b} + \dfrac{1}{s+b}\right)$

$\therefore \quad I = \dfrac{s}{s^2 - b^2} \quad (s > |b|)$

(2) $I = L(\sinh b) = L\left(\dfrac{e^{bx} - e^{-bx}}{2}\right)$

$= \displaystyle\int_0^\infty \left(\dfrac{e^{bx} - e^{-bx}}{2}\right) f(x)dx = \dfrac{1}{2}\left\{\int_0^\infty e^{bx}f(x)dx + \int_0^\infty e^{-bx}f(x)dx\right\}$

$= \dfrac{1}{2}\left\{L(e^{bx}) - L(e^{-bx})\right\} = \dfrac{1}{2}\left(\dfrac{1}{s-b} - \dfrac{1}{s+b}\right)$

$\therefore \quad I = \dfrac{b}{s^2 - b^2} \quad (s > |b|)$

注意 8.2　$\cosh x$, $\sinh x$ は双曲線関数である．(⇨ p.92 の追記 7.4)

問 8.3　次のラプラス変換を求めよ．
(1) $\cosh 3x$　　(2) $\sinh \dfrac{x}{3}$

追記 8.2　(ラプラス変換の存在)　ラプラス変換は無限積分で定義されているので，この無限積分が収束するときに限り定まるものである．関数 $f(x)$ に対して，

$$|f(x)| \leqq Me^{kx} \quad (0 \leqq x < \infty)$$

を満たす正の実数 M, k が存在するとき，無限積分は $s > k$ で収束し，ラプラス変換 $L(f(x))$ は定まる (⇨ 証明は『微分方程式の基礎』(サイエンス社) p.61 を参照).

8.2 ラプラス変換の基本法則

(I) (線形法則) $L(af+bg) = aL(f) + bL(g)$ (⇨ p.113 問題 8.4)

(II) (相似法則) $L\{f(ax)\} = \dfrac{1}{a}F\left(\dfrac{s}{a}\right)$ $(a>0)$ (⇨ p.113 例題 8.4)

(III) (像の移動法則) $L\{e^{ax}f(x)\} = F(s-a)$ (⇨ p.113 例題 8.4)

(IV) (微分法則) $f(x)$ が微分可能で，$e^{-sx}f(x) \to 0$ $(x \to \infty)$
$\Rightarrow$ $L(f') = sF(s) - f(0)$ (⇨ p.113 例題 8.4)

(V) (高階の微分法則) $f(x)$ が n 回微分可能で，
$e^{-sx}f^{(k)}(x) \to 0$ $(x \to \infty \;;\; k=0,\cdots,n-1)$
$\Rightarrow$ $L(f^{(n)}) = s^n F(s) - f(0)s^{n-1} - f'(0)s^{n-2} - \cdots - f^{(n-1)}(0)$
$(n=1,2,\cdots)$ (⇨ p.114 例題 8.5)

(VI) (積分法則) $e^{-sx}\displaystyle\int_0^x f(u)du \to 0$ $(x \to \infty)$
$\Rightarrow$ $L\left(\displaystyle\int_0^x f(u)du\right) = \dfrac{1}{s}F(s)$ (⇨ p.114 例題 8.5)

(VII) (像の微分法則) $L\{xf(x)\} = -\dfrac{d}{ds}F(s)$ (⇨ p.114 例題 8.5)

(VIII) (像の積分法則) $\displaystyle\lim_{x\to 0}\dfrac{f(x)}{x}$ が存在する $\Rightarrow$ $L\left(\dfrac{f(x)}{x}\right) = \displaystyle\int_s^\infty F(s)ds$
(⇨ p.115 例題 8.6)

◆ **ラプラス変換の基本公式群** 　像の移動法則を用いると次の公式がただちに得られる．

基本公式 (8) $L(e^{ax}x^n) = \dfrac{n!}{(s-a)^{n+1}}$ $(n=1,2,\cdots)$

(9) $L(e^{ax}\sin bx) = \dfrac{b}{(s-a)^2+b^2}$

(10) $L(e^{ax}\cos bx) = \dfrac{s-a}{(s-a)^2+b^2}$

(11) $L(e^{ax}\sinh bx) = \dfrac{b}{(s-a)^2-b^2}$

(12) $L(e^{ax}\cosh bx) = \dfrac{s-a}{(s-a)^2-b^2}$

8.2 ラプラス変換の基本法則

● より理解を深めるために

例題 8.4 ─────── ラプラス変換の基本法則 (II), (III), (IV) ───

次の結果を証明せよ．
(1) $L\{f(ax)\} = \dfrac{1}{a}F\left(\dfrac{s}{a}\right)$ $(a > 0)$ （相似法則）

(2) $L\{e^{ax}f(x)\} = F(s-a)$ （像の移動法則）

(3) $f(x)$ が微分可能で，$e^{-sx}f(x) \to 0$ $(x \to \infty)$
  $\Rightarrow$ $L(f'(x)) = sF(s) - f(0)$ （微分法則）

【証明】 (1) $L\{f(ax)\} = \displaystyle\int_0^\infty e^{-sx}f(ax)dx = (*)$

$ax = u$ とおくと，$dx = \dfrac{1}{a}du$ であるから，

$$(*) = \dfrac{1}{a}\int_0^\infty e^{-su/a}f(u)du = \dfrac{1}{a}F\left(\dfrac{s}{a}\right)$$

(2) $L(e^{ax}f(x)) = \displaystyle\int_0^\infty e^{-sx}\{e^{ax}f(x)\}dx = \int_0^\infty e^{-(s-a)x}f(x)dx = F(s-a)$

(3) $L(f'(x)) = \displaystyle\int_0^\infty e^{-sx}f'(x)dx = \lim_{T\to\infty}\int_0^T e^{-sx}f'(x)dx$

部分積分法により

$$= \lim_{T\to\infty}\left[e^{-sx}f(x)\right]_0^T - \lim_{T\to\infty}\int_0^T (-se^{-sx}f(x)dx)$$

$$= \lim_{T\to\infty}(e^{-sT}f(T) - f(0)) + s\int_0^\infty e^{-sx}f(x)dx$$

仮定 $e^{-sx}f(x) \to 0$ $(x \to 0)$ を用いて，

$$= -f(0) + sF(s)$$

問 8.4 線形法則 $L(af+bg) = aL(f) + bL(g)$ を示せ $(a, b$ は定数$)$．

問 8.5 次の値を求めよ．
(1) $L(x^2 - 3x^4 + 2)$ (2) $L(e^{3x} - 2e^{-x})$ (3) $L(2\sin 3x + 4\cos 2x)$

(4) $L\left\{\cos\left(2x + \dfrac{\pi}{6}\right)\right\}$ (5) $L\left\{\sin\left(3x + \dfrac{\pi}{4}\right)\right\}$

(6) $L(f(x))$ ただし $f(x) = \begin{cases} 0 & \left(0 \leqq x < \dfrac{\pi}{6}\right) \\ \cos\left(x - \dfrac{\pi}{6}\right) & \left(\dfrac{\pi}{6} \leqq x < \infty\right) \end{cases}$

● より理解を深めるために

例題 8.5 ────── ラプラス変換の基本法則 (V), (VI), (VII) ──

次の結果を証明せよ.

(1) $f(x)$ が n 回微分可能で, $e^{-sx}f^{(k)}(x) \to 0 \quad (x \to \infty,\ k = 0, 1, 2, \cdots)$
  $\Rightarrow \quad L(f^{(n)}) = s^n F(s) - f(0)s^{n-1} - f'(0)s^{n-2} - \cdots - f^{(n-1)}(0)$
  $\hfill (n = 1, 2, \cdots) \quad$ (高階の微分法則)

(2) $e^{-sx} \int_0^x f(u)du \to 0 \quad (x \to \infty)$
  $\Rightarrow \quad L\left(\int_0^x f(u)du\right) = \dfrac{1}{s}F(s) \hfill$ (積分法則)

(3) $L\{xf(x)\} = -\dfrac{d}{ds}F(s) \hfill$ (像の微分法則)

【証明】 (1) $n = 2$ の場合について示す. $e^{-sx}f(x) \to 0,\ e^{-sx}f'(x) \to 0\ (x \to \infty)$ のとき, p.113 の (3) を用いる.

$$L(f'') = sL(f') - f'(0) = s\{sF(s) - f(0)\} - f'(0) = s^2 F(s) - sf(0) - f'(0)$$

ゆえに一般の場合は n についての帰納法により,

$$L(f^{(n)}) = s^n F(s) - f(0)s^{n-1} - f'(0)s^{n-2} - \cdots - f^{(n-1)}(0) \quad (n = 1, 2, \cdots)$$

(2) $g(x) = \int_0^x f(u)du$ とおけば, 微分法則によって

$$L(g') = sL(g) - g(0) = sL\left(\int_0^x f(u)du\right) - g(0)$$

$$g'(x) = f(x), \quad g(0) = 0 \quad \therefore \quad L\left(\int_0^x f(u)du\right) = \frac{1}{s}F(s)$$

(3)
$$\frac{d}{ds}F(s) = \frac{d}{ds}\int_0^\infty e^{-sx}f(x)dx$$
$$= \int_0^\infty \frac{d}{ds}e^{-sx}f(x)dx = \int_0^\infty \{-xe^{-sx}f(x)\}dx$$
$$= \int_0^\infty e^{-sx}\{-xf(x)\}dx = L\{-xf(x)\}$$

問 8.6 次の関数のラプラス変換を求めよ.
 (1) $e^{-2x}\cos 3x$ (2) $e^{3x}\sin 2x$ (3) xe^{-2x} (4) $x^2 e^{3x}$

問 8.7 $y = f(x)$ のとき, 次式のラプラス変換を $L(y)$ で表せ.
$$y'' + 4y' - 5y \quad (\text{ただし } f(0) = 2,\ f'(0) = 1)$$

8.2 ラプラス変換の基本法則

● より理解を深めるために

例題 8.6 ——像の積分法則，関数とヘビサイドの関数の積のラプラス変換——

次の結果を証明せよ．

(1) $\displaystyle\lim_{x\to 0}\frac{f(x)}{x}$ が存在する $\Rightarrow \displaystyle\int_s^\infty F(s)ds = L\left(\frac{f(x)}{x}\right)$ （像の積分法則）

(2) $L(f(x)) = F(s)$ とし，$u(x)$ をヘビサイドの関数とする

$\Rightarrow L\{f(x-\alpha)u(x-\alpha)\} = e^{-\alpha s}F(s)$

【証明】 (1) $\displaystyle\int_s^\infty F(s)ds = \int_s^\infty\left\{\int_0^\infty e^{-sx}f(x)dx\right\}ds$

$= \displaystyle\int_0^\infty\left\{\int_s^\infty e^{-sx}f(x)ds\right\}dx = \int_0^\infty f(x)\left[-\frac{1}{x}e^{-sx}\right]_s^\infty dx = (*)$

いま $x > 0$ のとき $\displaystyle\lim_{s\to\infty}\left(-\frac{1}{x}e^{-sx}\right) = 0$ であるから

$(*) = \displaystyle\int_0^\infty f(x)\frac{1}{x}e^{-sx}dx = L\left(\frac{f(x)}{x}\right)$

(2) ラプラス変換の定義から

$L(f(x-\alpha)u(x-\alpha)) = \displaystyle\int_0^\infty f(x-\alpha)u(x-\alpha)e^{-sx}dx$

$= \displaystyle\int_\alpha^\infty f(x-\alpha)e^{-sx}dx = \int_0^\infty f(\tau)e^{-s(\tau+\alpha)}d\tau$ （$x-\alpha = \tau$ とおく）

$= e^{-\alpha s}\displaystyle\int_0^\infty f(\tau)e^{-s\tau}d\tau = e^{-\alpha s}L(f(\tau)) = e^{-\alpha s}F(s)$

問 8.8 次の関数のラプラス変換を求めよ．
(1) $f(x) = x\cos ax$ (2) $f(x) = x\sin ax$ (3) $f(x) = x^2\sin x$

問 8.9 次の関数のラプラス変換を求めよ．
(1) $\displaystyle\int_0^t xe^{2x}dx$ (2) $\displaystyle\int_0^t x\sin ux dx$

問 8.10 次の関数のラプラス変換を求めよ．

$$f(x) = \begin{cases} 0 & (x < 1) \\ (x-1)(x-2) & (1 \leqq x \leqq 2) \\ 0 & (x > 2) \end{cases}$$

8.3 逆ラプラス変換と微分方程式への応用

◆ **逆ラプラス変換** $L(f(x)) = F(s)$ のとき
$$f(x) = L^{-1}(F(s))$$
で表し，$f(x)$ を s の関数 $F(s)$ の逆ラプラス変換という．

◆ **逆ラプラス変換の基本法則** ラプラス変換の基本法則 (I) (⇨ p.112) から次の逆ラプラス変換の線形法則が得られる．

逆ラプラス変換の線形法則 $L^{-1}\{aF(s) + bG(s)\} = aL^{-1}(F(s)) + bL^{-1}(G(s))$

◆ **逆ラプラス変換の基本公式**

基本公式　(13) $L^{-1}\{F(as)\} = \dfrac{1}{a} f\left(\dfrac{x}{a}\right)$　　　　　　$(a > 0)$

(14) $L^{-1}\left(\dfrac{s}{(s^2 + a^2)^2}\right) = \dfrac{1}{2a} x \sin ax$　　$(a \neq 0)$　(⇨ p.118 例題 8.8)

(15) $L^{-1}\left(\dfrac{s - a}{\{(s-a)^2 + b^2\}^2}\right) = \dfrac{1}{2b} x e^{ax} \sin bx$　　$(b \neq 0)$

(⇨ p.118 の追記 8.3)

(16) $L^{-1}\left(\dfrac{1}{(s^2 + a^2)^2}\right) = \dfrac{1}{2a^3}(\sin ax - ax \cos ax)$　$(a \neq 0)$　(⇨ p.118 例題 8.8)

(17) $L^{-1}\left(\dfrac{1}{\{(s-a)^2 + b^2\}^2}\right) = \dfrac{e^{ax}}{2b^3}(\sin bx - bx \cos bx)$　$(b \neq 0)$

(⇨ p.118 の追記 8.3)

◆ **合成積 (たたみこみ) の定義**　2 つの関数 $f(x), g(x)$ $(0 \leqq x < \infty)$ に対して
$$f(x) * g(x) = \int_0^x f(x-t) g(t) dt \qquad ①$$
を，f と g の合成積またはたたみこみという．合成積について，次のような交換法則が成り立つ．

(IX)　(合成積の交換法則)　　$f(x) * g(x) = g(x) * f(x)$

◆ **合成積のラプラス変換・逆変換**　合成積のラプラス変換・逆変換について，次のような合成法則が成り立つ．ただし $L(f(x)) = F(s)$, $L(g(x)) = G(s)$ とする．

(X)　(合成積のラプラス変換)　　$L(f(x) * g(x)) = L(f(x)) \cdot L(g(x))$
(XI)　(合成積の逆ラプラス変換)　$L^{-1}(F(s) \cdot G(s)) = f(x) * g(x)$

8.3 逆ラプラス変換と微分方程式への応用

● より理解を深めるために

例題 8.7 ──────────────── 逆ラプラス変換 ──

次の関数の逆ラプラス変換を求めよ．
(1) $\dfrac{s}{s^2-3}$ (2) $\dfrac{2s-3}{s^2+4}$ (3) $\dfrac{3}{s^2-1}$ (4) $\dfrac{1}{s^2(s+1)}$

【解】 (1) $L^{-1}\left(\dfrac{s}{s^2-3}\right) = \cosh\sqrt{3}\,x$ 　(p.108 の基本公式 (6))

(2) $L(\cos 2x) = \dfrac{s}{s^2+2^2},\ L(\sin 2x) = \dfrac{2}{s^2+2^2}$ より，

$$\dfrac{2s-3}{s^2+2^2} = 2\dfrac{s}{s^2+2^2} - \dfrac{3}{2}\dfrac{2}{s^2+2^2}$$

と変形して，両辺の逆ラプラス変換をとる．

$$L^{-1}\left(\dfrac{2s-3}{s^2+4}\right) = L^{-1}\left(2\dfrac{s}{s^2+4}\right) - L^{-1}\left(\dfrac{3}{2}\dfrac{2}{s^2+4}\right)$$
$$= 2\cos 2x - \dfrac{3}{2}\sin 2x \quad \text{(p.108 の基本公式 (4), (5))}$$

(3) $L^{-1}\left(\dfrac{3}{s^2-1}\right) = 3\sinh x$ 　　　(p.108 の基本公式 (7))

(4) 部分分数に分解する (⇨ 『基本微分積分』(サイエンス社), p.88, 89)．

$$\dfrac{1}{s^2(s+1)} = \dfrac{A}{s^2} + \dfrac{B}{s} + \dfrac{C}{s+1}$$

とおいて，A, B, C を決める．

$$(s+1)A + Bs(s+1) + Cs^2 = 1$$

となるように A, B, C を決めると $A=1,\ B=-1,\ C=1$ となる．よって

$$L^{-1}\left(\dfrac{1}{s^2(s+1)}\right) = L^{-1}\left(\dfrac{1}{s^2} - \dfrac{1}{s} + \dfrac{1}{s+1}\right) = L^{-1}\left(\dfrac{1}{s^2}\right) - L^{-1}\left(\dfrac{1}{s}\right) + L^{-1}\left(\dfrac{1}{s+1}\right)$$
$$= x - 1 + e^{-x} \quad \text{(p.108 の基本公式 (2),(1),(3))}$$

問 8.11 次の関数の逆ラプラス変換を求めよ．

(1) $\dfrac{2s-3}{s^2}$　(2) $\dfrac{3}{2s+4}$　(3) $\dfrac{1}{s^2-3s+2}$　(4) $\dfrac{s+6}{s^2+3s}$

(5) $\dfrac{s}{(s^2-1)^2}$　(6) $\dfrac{3}{s^2-9}$　(7) $\dfrac{2}{s^2+5}$　(8) $\dfrac{s}{s^2+4}$

(9) $\dfrac{1}{s+2}$　(10) $\dfrac{1}{s-2}$　(11) $\dfrac{1}{s^2}$　(12) $\dfrac{1}{s}$

● **より理解を深めるために**

---**例題 8.8**--------------------------------**逆ラプラス変換の基本公式**---

(1) $L(\sin ax) = \dfrac{a}{s^2+a^2}$ を用いて，次の式を示せ．

$$L^{-1}\left(\dfrac{s}{(s^2+a^2)^2}\right) = \dfrac{1}{2a}x\sin ax \qquad (a \neq 0)$$

(2) $L(\cos ax) = \dfrac{s}{s^2+a^2}$ を用いて，次の式を示せ．

$$L^{-1}\left(\dfrac{1}{(s^2+a^2)^2}\right) = \dfrac{1}{2a^3}(\sin ax - ax\cos ax) \quad (a \neq 0)$$

【証明】 (1) 像の微分法則 (⇨ p.112 の (VII)) によって

$$L(x\sin ax) = -\dfrac{d}{ds}\dfrac{a}{s^2+a^2} = \dfrac{2as}{(s^2+a^2)^2}$$

$$\therefore \quad L^{-1}\left(\dfrac{s}{(s^2+a^2)^2}\right) = \dfrac{1}{2a}x\sin ax$$

(2) 像の微分法則 (⇨ p.112 の (VII)) によって

$$L(x\cos ax) = -\dfrac{d}{ds}\left(\dfrac{s}{s^2+a^2}\right) = \dfrac{s^2-a^2}{(s^2+a^2)^2}$$

いま，$\dfrac{s^2-a^2}{(s^2+a^2)^2} = \dfrac{s^2+a^2-2a^2}{(s^2+a^2)^2} = \dfrac{1}{s^2+a^2} - \dfrac{2a^2}{(s^2+a^2)^2}$ と書けることに注意すれば

$L(x\cos ax) = \dfrac{1}{a}L(\sin ax) - \dfrac{2a^2}{(s^2+a^2)^2}$ となる．

$$\therefore \quad L^{-1}\left(\dfrac{1}{(s^2+a^2)^2}\right) = \dfrac{1}{2a^3}(\sin ax - ax\cos ax)$$

|追記 **8.3**　例題 8.8 の (1), (2) にそれぞれ像の移動法則 (⇨ p.112 の (III)) を用いれば，p.116 の基本公式 (15), (17) を得る．

問 **8.12**　上記例題 8.8 (2) にならって，像の微分法則を用いて，

$\dfrac{1}{(s^2-a^2)^2}$ $(a \neq 0)$ の逆ラプラス変換を求めよ．

問 **8.13**　$L(f(x)) = F(s)$ のとき，像の微分法則を用いて次の値を求めよ．

(1) $L^{-1}\left(\log\dfrac{s+1}{s-1}\right)$ 　(2) $L^{-1}\left(\log\dfrac{s^2+1}{s(s+1)}\right)$ 　$(s > 0)$

8.3 逆ラプラス変換と微分方程式への応用

● **より理解を深めるために**

---**例題 8.9**--合成積のラプラス変換---

(1) 2つの関数 $f(x), g(x)$ ($0 \leqq x < \infty$) に対して,次式が成り立つことを示せ.
$$L(f(x) * g(x)) = L(f(x)) \cdot L(g(x))$$

(2) $f(x) = \cos x$, $g(x) = \sin x$ のとき $f(x) * g(x)$ を求めよ.

【解】 (1) $L(f(x)) \cdot L(g(x)) = \int_0^\infty e^{-su} f(u) du \int_0^\infty e^{-sv} g(v) dv$

$$= \int_0^\infty \int_0^\infty e^{-s(u+v)} f(u) g(v) du dv$$

ここで (u,v) の領域は $u \geqq 0$, $v \geqq 0$ である.u, v に対して,
$$u + v = x, \quad v = t$$
のように変数変換をすると,ヤコビアンは

$$\frac{\partial(u,v)}{\partial(x,t)} = \begin{vmatrix} 1 & 0 \\ -1 & 1 \end{vmatrix} = 1$$

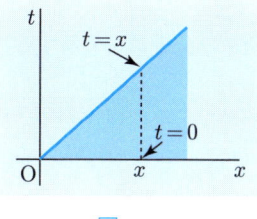

図 8.1

となり,(x,t) の領域は $x \geqq t \geqq 0$ となる(⇨ 図 8.1).よって上の定積分は

$$\int_0^\infty e^{-sx} \left\{ \int_0^x f(x-t) g(t) dt \right\} dx = \int_0^\infty e^{-sx} (f(x) * g(x)) dx = L(f(x) * g(x))$$

(2) $f(x) * g(x) = \int_0^x \cos(x-t) \sin t \, dt$

$$= \int_0^x \frac{1}{2} \{\sin x + \sin(2t-x)\} dt = \frac{1}{2} \left[t \sin x - \frac{1}{2} \cos(2t-x) \right]_0^x = \frac{x \sin x}{2}$$

問 8.14 次のそれぞれの2つの関数の合成積を求めよ.
(1) $f(x) = x^2$, $g(x) = e^x$ 　　(2) $f(x) = e^{ax} \cos bx$, $g(x) = e^{ax} \sin bx$

問 8.15 $F(s) = \dfrac{1}{s^2(s-a)}$ ($a \neq 0$) のとき,$L^{-1}(F(s))$ を次の2通りの方法で求めよ.

(1) $F(s)$ を部分分数に分解する.

(2) $F(s) = \dfrac{1}{s^2} \cdot \dfrac{1}{s-a}$ に合成積の逆ラプラス変換(p.116 (XI))の方法を用いる.

● より理解を深めるために

── 例題 8.10 ──────────────── 常微分方程式への応用 (1) ──
次の常微分方程式をラプラス変換を用いて解け．
$$y'' + 2y' + y = \sin x, \quad y(0) = 0,\ y'(0) = 1$$

【解】 与えられた微分方程式の両辺のラプラス変換を考える．
$$L(y'') + 2L(y') + L(y) = L(\sin x)$$
$$s^2 L(y) - \{y(0)s + y'(0)\} + 2\{sL(y) - y(0)\} + L(y) = L(\sin x)$$

初期条件を代入して整理すると，
$$(s^2 + 2s + 1)L(y) = 1 + \frac{1}{s^2 + 1} \quad \therefore\ L(y) = \frac{s^2 + 2}{(s+1)^2(s^2+1)}$$

左辺を部分分数に分解する（⇨『基本微分積分』(サイエンス社) p.88, 89）
$$\frac{A}{(s+1)^2} + \frac{B}{s+1} + \frac{Cs+D}{s^2+1} = \frac{s^2+2}{(s+1)^2(s^2+1)}$$
$$\therefore\ A(s^2+1) + B(s+1)(s^2+1) + (Cs+D)(s+1)^2 = s^2 + 2$$

より，A, B, C, D を定める．

$$s = 0 \text{ とおくと，} \quad A + B + D = 2$$
$$s = -1 \text{ とおくと，} \quad 2A = 3$$
$$s^3 \text{ の項の係数より，} \quad B + C = 0$$
$$s \text{ の項の係数より，} \quad B + C + 2D = 0$$

この4つの式より，$A = \dfrac{3}{2}$, $B = \dfrac{1}{2}$, $C = -\dfrac{1}{2}$, $D = 0$ を得る．ゆえに

$$L(y) = \frac{1}{2}\left\{\frac{3}{(s+1)^2} + \frac{1}{s+1} - \frac{s}{s^2+1}\right\}$$

となる．両辺の逆ラプラス変換を考えると
$$y = \frac{3}{2}xe^{-x} + \frac{1}{2}e^{-x} - \frac{1}{2}\cos x$$

問 8.16 次の常微分方程式をラプラス変換を用いて解け．
(1) $y''' + y' = 2e^{-x}$, $y(0) = 0$, $y'(0) = 1$, $y''(0) = -2$
(2) $y'' + 2y' + y = e^{-x}$, $y(0) = 0$, $y'(0) = 1$
(3) $y'' + 4y' + 13y = 2e^{-x}$, $y(0) = 0$, $y'(0) = 1$

8.3 逆ラプラス変換と微分方程式への応用

● **より理解を深めるために**

---**例題 8.11**------------------------------------**微分方程式への応用 (2)**---

(1) $L^{-1}\left(\dfrac{e^{-2s}}{(s+1)^2+1}\right) = e^{-(x-2)}\sin(x-2)u(x-2)$ を示せ.

(2) $y' + 2y + 2\displaystyle\int_0^x y(x)dx = u(x-2)$, $y(0) = -2$ を (1) を用いて解け. ただし $u(x)$ はヘビサイドの関数である.

【解】 (1) $f(x-2) = e^{-(x-2)}\sin(x-2)$ とおくと,p.115 の例題 8.6 (2) より

$$L\{e^{-(x-2)}\sin(x-2)u(x-2)\} = e^{-2s}L(f)$$

$$= \dfrac{e^{-2s}}{(s+1)^2+1} \quad \left(\because \quad L(f) = L(e^{-x}\sin x) = \dfrac{1}{(s+1)^2+1}\right)$$

$$\therefore \quad L^{-1}\left(\dfrac{e^{-2s}}{(s+1)^2+1}\right) = e^{-(x-2)}\sin(x-2)u(x-2) \qquad ①$$

(2) 両辺のラプラス変換を考えると,

$$L(y') + 2L(y) + 2L\left(\int_0^x y(x)dx\right) = L(u(x-2))$$

$$sL(y) - y(0) + 2L(y) + 2L(y)/s = e^{-2s}/s$$

$$\left(\because \text{ p.115 の例題 8.6 (2) より } L(u(x-2)) = L(1 \cdot u(x-2)) = e^{-2s}L(1) = e^{-2s}/s\right)$$

$$\therefore \quad L(y)(s + 2 + 2/s) = e^{-2s}/s - 2$$

よって, $L(y) = \dfrac{e^{-2s}}{(s+1)^2+1} - 2\dfrac{s}{(s+1)^2+1}$

$$\therefore \quad y = L^{-1}\left(\dfrac{e^{-2s}}{(s+1)^2+1}\right) - 2L^{-1}\left(\dfrac{s}{(s+1)^2+1}\right) \qquad ②$$

$\dfrac{s}{(s+1)^2+1} = \dfrac{s+1}{(s+1)^2+1} - \dfrac{1}{(s+1)^2+1}$ より,

$L^{-1}\left(\dfrac{s}{(s+1)^2+1}\right) = L^{-1}\left(\dfrac{s+1}{(s+1)^2+1}\right) - L^{-1}\left(\dfrac{1}{(s+1)^2+1}\right) = e^{-x}\cos x - e^{-x}\sin x$

$\qquad\qquad\qquad\qquad\qquad\qquad\qquad\qquad\qquad\qquad\qquad\qquad\qquad ③$

①, ②, ③ より $y = e^{-(x-2)}\sin(x-2)u(x-2) - 2e^{-x}(\cos x - \sin x)$

問 8.17 $y' + 3y + 2\displaystyle\int_0^x y\,dx = 2u(x-1) - 2u(x-2)$, $y(0) = 1$ をラプラス変換を用いて解け. ただし $u(x)$ はヘビサイドの関数である.

演 習 問 題

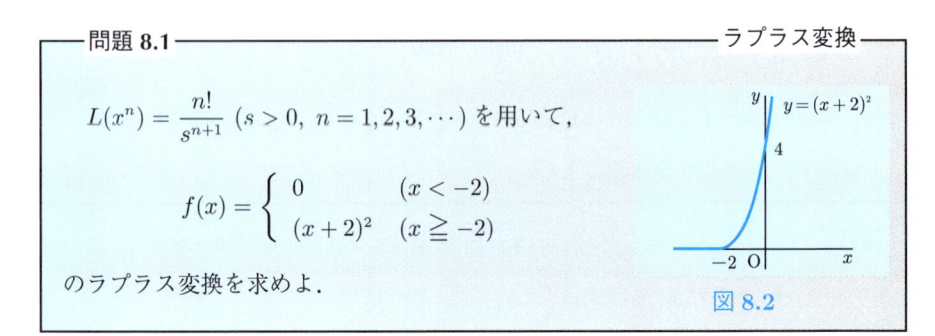

問題 8.1 ――――――――――――――――――――― ラプラス変換 ―

$L(x^n) = \dfrac{n!}{s^{n+1}}$ $(s > 0,\ n = 1, 2, 3, \cdots)$ を用いて，

$$f(x) = \begin{cases} 0 & (x < -2) \\ (x+2)^2 & (x \geqq -2) \end{cases}$$

のラプラス変換を求めよ．

図 8.2

【解】 $I = L(f(x)) = \displaystyle\int_0^\infty e^{-sx}(x+2)^2 dx = \int_2^\infty e^{-s(\tau-2)}\tau^2 d\tau$ $(x+2=\tau$ とおく$)$

$= e^{2s}\left(\displaystyle\int_0^\infty e^{-s\tau}\tau^2 d\tau - \int_0^2 e^{-s\tau}\tau^2 d\tau\right) = e^{2s}\left(\dfrac{2!}{s^3} - \int_0^2 e^{-s\tau}\tau^2 d\tau\right)$

$\displaystyle\int_0^2 e^{-s\tau}\tau^2 d\tau = \left[\dfrac{e^{-s\tau}}{-s}\tau^2\right]_0^2 + \dfrac{1}{s}\int_0^2 2\tau e^{-s\tau} d\tau$

$= -\dfrac{4}{s}e^{-2s} + \dfrac{2}{s}\left\{\left[\tau\dfrac{e^{-s\tau}}{-s}\right]_0^2 + \int_0^2 \dfrac{e^{-s\tau}}{-s}d\tau\right\}$

$= -\dfrac{4}{s}e^{-2s} - \dfrac{4}{s^2}e^{-2s} + \dfrac{2}{s^2}\left[\dfrac{e^{-s\tau}}{-s}\right]_0^2$

$= -\dfrac{4}{s}e^{-2s} - \dfrac{4}{s^2}e^{-2s} + \dfrac{2}{s^2}\left(-\dfrac{e^{-2s}}{s} + \dfrac{1}{s}\right) = e^{-2s}\left(-\dfrac{4}{s} - \dfrac{4}{s^2} - \dfrac{2}{s^3}\right) + \dfrac{2}{s^3}$

$\therefore\ I = \dfrac{2e^{2s}}{s^3} + \dfrac{4}{s} + \dfrac{4}{s^2} + \dfrac{2}{s^3} - \dfrac{2e^{2s}}{s^3} = \dfrac{4}{s} + \dfrac{4}{s^2} + \dfrac{2}{s^3}$

～～～～～～～～～～～～～～～～～～～～～～～～～～～～～～～～～～～

（解答は章末の p.131 に掲載されています．）

演習 8.1 図 8.3 のグラフで示される関数 $f(x)$ のラプラス変換を求めよ．

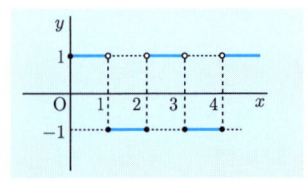

図 8.3

演 習 問 題

---- 問題 8.2 --- 逆ラプラス変換 ----

$L(f(x)) = F(s)$ のとき, $L\left(\dfrac{f(x)}{x}\right) = \displaystyle\int_s^\infty F(s)ds$ である．これを用いて，次の値を求めよ．
$$L^{-1}\left(\dfrac{s}{(s^2-1)^2}\right) \quad (s > 1)$$

【解】 $L^{-1}\left(\dfrac{s}{(s^2-1)^2}\right) = f(x)$ とおくと，$\dfrac{s}{(s^2-1)^2} = L(f(x))$

$$\therefore \quad I = L\left(\dfrac{f(x)}{x}\right) = \int_s^\infty \dfrac{s}{(s^2-1)^2} ds$$

$\dfrac{s}{(s^2-1)^2}$ を部分分数 (⇨『基本微分積分』(サイエンス社), p.88, 89) に分解する．

$$\dfrac{s}{(s^2-1)^2} = \dfrac{s}{(s-1)^2(s+1)^2} = \dfrac{A}{(s-1)^2} + \dfrac{B}{s-1} + \dfrac{C}{(s+1)^2} + \dfrac{D}{s+1}$$

とおく．$A(s+1)^2 + B(s-1)(s+1)^2 + C(s-1)^2 + D(s-1)^2(s+1) = s$ より A, B, C, D を決定する．

$$\begin{aligned}
&s = -1 \text{ のとき} && 4C = -1 \\
&s = 1 \text{ のとき} && 4A = 1 \\
&s = 0 \text{ のとき} && A - B + C + D = 0 \\
&s^3 \text{ の項} && B + D = 0
\end{aligned}$$

この 4 つの式より，$A = \dfrac{1}{4}$, $B = 0$, $C = -\dfrac{1}{4}$, $D = 0$ を得る．ゆえに

$$I = \dfrac{1}{4}\int_s^\infty \dfrac{1}{(s-1)^2}ds - \dfrac{1}{4}\int_s^\infty \dfrac{1}{(s+1)^2}ds = \dfrac{1}{4}\left[\left(\dfrac{1}{s+1} - \dfrac{1}{s-1}\right)\right]_s^\infty$$

$$L\left(\dfrac{f(x)}{x}\right) = \dfrac{1}{4}\left(\dfrac{1}{s-1} - \dfrac{1}{s+1}\right) \quad \therefore \quad \dfrac{f(x)}{x} = \dfrac{1}{4}(e^x - e^{-x})$$

$$\therefore \quad f(x) = \dfrac{x}{4}(e^x - e^{-x})$$

෴෴෴෴෴෴෴෴෴෴෴෴෴෴෴෴෴෴෴෴෴෴෴෴෴෴෴෴

演習 8.2 次の関数のラプラス変換を求めよ．

(1) $\sin(x-2)u(x-2)$ （ただし $u(x)$ はヘビサイドの関数とする．）

(2) $\dfrac{\sin kx}{x}$

演習 8.3 x, y が t の関数のとき，ラプラス変換を用いて次の初期値問題を解け．

$$\begin{cases} x' + 2y = \cos t & \cdots ① \\ x - y' = \sin t & \cdots ② \end{cases} \;;\; x(0) = 1, \, y(0) = -\sqrt{2}$$

問題 8.3 — 常微分方程式への応用 (ばねの問題)

物質 m の物体がばね定数 k のばねの先端についている．ばねの他端は固定されている．物体は摩擦のない平面上で自由に運動できる．

初期変位 x_0，初速度 v_0 とする物体の運動について考える．

この物体の変位を $x(t)$ (t は時刻を表す) とすると，運動方程式

$$m\frac{d^2x}{dt^2} = -kx \qquad ①$$

が成り立つ．いま初期条件 $x(0) = x_0$, $x'(0) = v_0$ とすると，$x(t)$ はどのような運動をするか．

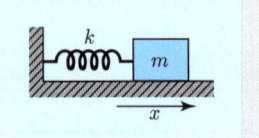

図 8.4

【解】　まず①の両辺のラプラス変換を考える．p.112 の (V) 高階の微分法則により，

$$m\bigl\{(s^2 F(s) - x(0)s - x'(0))\bigr\} = -kF(s)$$

初期条件を代入すると，

$$m(s^2 F(s) - x_0 s - v_0) = -kF(s)$$

$$\therefore \quad F(s) = \frac{mx_0 s}{ms^2+k} + \frac{mv_0}{ms^2+k} = \frac{x_0 s}{s^2+\left(\sqrt{\frac{k}{m}}\right)^2} + \frac{v_0}{s^2+\left(\sqrt{\frac{k}{m}}\right)^2}$$

$$= \frac{x_0 s}{s^2+\alpha^2} + \frac{v_0}{s^2+\alpha^2} \quad \left(\sqrt{\frac{k}{m}} = \alpha \text{ とおく}\right)$$

この両辺の逆ラプラス変換を考えると，p.108 の基本公式 (4), (5) により，

$$x(t) = x_0 \cos\alpha t + \frac{v_0}{\alpha}\sin\alpha t$$

$$= \sqrt{x_0^2 + \left(\frac{v_0}{\alpha}\right)^2}\,(\cos\alpha t\sin\beta + \sin\alpha t\cos\beta) \quad \left(\beta = \tan^{-1}\frac{x_0}{v_0/\alpha} \text{ とおく}\right)$$

$$= \sqrt{x_0^2 + \left(\frac{v_0}{\alpha}\right)^2}\,\sin(\alpha t + \beta)$$

と解を得る．したがって，$x(t)$ は振幅 $\sqrt{x_0^2 + \left(\dfrac{v_0}{\alpha}\right)^2}$，角振動数 $\alpha = \sqrt{\dfrac{k}{m}}$ の単振動をすることがわかる．

問題 8.4 ──────────────── 偏微分方程式への応用 (弦の振動の問題) ──

次の弦の振動の問題をラプラス変換を用いて解け.

$\dfrac{\partial^2 u}{\partial t^2} = \dfrac{\partial^2 u}{\partial x^2} \quad (u = u(x,t);\ 0 < x < \infty,\ t > 0)$ ①

初期条件：$u(x,0) = 0,\ \dfrac{\partial u(x,0)}{\partial t} = 0$ ②

境界条件：$u(0,t) = f(t),\ \lim\limits_{x \to \infty} u(x,t) = 0$ ③

これは,「無限遠点で固定, 原点で強制振動されている無限長の弦の振動の様子」の状況に相当する.

【解】 $u(x,t)$ の t に関するラプラス変換を

$$U(x,s) = L(u(x,t)) = \int_0^\infty e^{-st} u(x,t) dt \quad (s > 0) \qquad ④$$

とする. ①の両辺のラプラス変換を考えると,

$$L\left(\dfrac{\partial^2 u}{\partial t^2}\right) = L\left(\dfrac{\partial^2 u}{\partial x^2}\right)$$

p.112 (V) と②より,

$$L\left(\dfrac{\partial^2 u}{\partial t^2}\right) = s^2 L(u(x,t)) - s u(x,0) - u_t(x,0) = s^2 U(x,s)$$

また, $L\left(\dfrac{\partial^2 u}{\partial x^2}\right) = \displaystyle\int_0^\infty e^{-st} u_{xx}(x,t) dt = \dfrac{\partial^2}{\partial x^2} U(x,s)$

$$\therefore\ s^2 U(x,s) = \dfrac{\partial^2}{\partial x^2} U(x,s)$$

これは x についての U に関する 2 階線形常微分方程式である. p.22 の解法 3.1 より

$$U(x,s) = \varphi(s) e^{sx} + \psi(s) e^{-sx} \quad (\varphi, \psi\ は任意関数) \qquad ⑤$$

③の後半の条件より $\lim\limits_{x \to \infty} u(x,t) = 0$ であるので, ④より $\lim\limits_{x \to \infty} U(x,s) = 0$ ⑥

ゆえに, ⑤, ⑥より, $\varphi(s) = 0$ でなければならない. ③の前半の条件 $u(0,t) = f(t)$ を④に代入して $\psi(s) = L(f(t))$

これらを⑤に代入すると,

$$U(x,s) = L(f(t)) e^{-sx}$$

となる. さらに両辺の逆ラプラス変換を考えると (p.115 の例題 8.6 (2)),

$$u(x,t) = f(t-x) u(t-x) \quad (u(x)\ はヘビサイドの関数)$$

となり与えられた偏微分方程式の解を得る.

研究 熱伝導方程式の初期値・境界値問題

次の熱伝導方程式の初期値・境界値問題をラプラス変換を用いて解け．
$\dfrac{\partial u}{\partial t} = k^2 \dfrac{\partial^2 u}{\partial x^2} \quad (u = u(x,t)\,;\,0 < x < \infty,\,t > 0)$
初期条件 ： $u(x,0) = 0 \quad (0 < x < \infty)$
境界条件 ： $u(0,t) = f(t),\,\lim\limits_{x \to \infty} u(x,t) = 0 \quad (t > 0)$

【解】 $u(x,t)$ の t に関するラプラス変換を

$$U(x,s) = \int_0^\infty e^{-st} u(x,t) dt$$

と表すとき，t についての広義積分の存在と，x についての偏微分の順序を交換することが可能と仮定するとき，

$$\int_0^\infty e^{-st} u_t(x,t) dt = sU(x,s) - u(x,0) = sU(x,s)$$
$$\int_0^\infty e^{-st} u_{xx}(x,t) dt = \frac{\partial^2}{\partial x^2} U(x,s), \quad U(0,s) = F(s)$$
$$0 = \int_0^\infty e^{-st} \lim_{x \to \infty} u(x,t) dt = \lim_{x \to \infty} \int_0^\infty e^{-st} u(x,t) dt = \lim_{x \to \infty} U(x,s)$$
$$\therefore \quad sU(x,s) = k^2 U_{xx}(x,s), \quad U(0,s) = F(s), \quad \lim_{x \to \infty} U(x,s) = 0$$

x についての U に関する2階線形常微分方程式を解くと（⇨ p.22 の解法 3.1）

$$U(x,s) = \varphi(s) e^{\sqrt{s}\,x/k} + \psi(s) e^{-\sqrt{s}\,x/k} \quad (\varphi(s), \psi(s) \text{ は任意関数})$$

$U(x,s) \to 0\,(x \to \infty)$ だから $\varphi(s) = 0$ でなければならない．ここで $x = 0$ とすると $F(s) = \psi(s)$ となる． $\quad \therefore \quad U(x,s) = F(s) e^{-\sqrt{s}\,x/k}$

$$L\left(\frac{x}{2\sqrt{\pi k^2 t^3}} e^{-x^2/4k^2 t}\right) = e^{-\sqrt{s}\,x/k} \quad (\text{⇨ 次ページの注意 8.3 で証明する})$$

を用いると，次の合成積の逆ラプラス変換の性質（⇨ p.116）

$$\int_0^t f(\tau) \cdot g(t-\tau) d\tau = L^{-1}(F(s) \cdot G(s))$$

により，$u(x,t) = L^{-1}(F(s) e^{-\sqrt{s}\,x/k}) = \dfrac{x}{2\sqrt{\pi}\,k} \displaystyle\int_0^t \dfrac{f(\tau)}{(t-\tau)^{3/2}} e^{-x^2/4k^2(t-\tau)} d\tau$ を得る．

研 究

注意 8.3 $L\left(\dfrac{1}{\sqrt{\pi t}}e^{-k^2/4t}\right) = \dfrac{1}{\sqrt{s}}e^{-k\sqrt{s}}$ $(k \geqq 0,\ s > 0)$ を証明する.

$$L\left(\dfrac{1}{\sqrt{\pi t}}e^{-k^2/4t}\right) = \int_0^\infty \dfrac{1}{\sqrt{\pi t}}e^{-k^2/4t}\cdot e^{-st}dt \quad \left(t = \dfrac{\tau^2}{s}\ \text{とおく}\right)$$

$$= \dfrac{1}{\sqrt{\pi}}\int_0^\infty e^{-(sk^2/4\tau^2 + \tau^2)}\dfrac{2}{\sqrt{s}}d\tau$$

$$= \dfrac{2}{\sqrt{\pi s}}e^{-k\sqrt{s}}\int_0^\infty e^{-(\tau - k\sqrt{s}/2\tau)^2}d\tau$$

$\dfrac{k\sqrt{s}}{2} = a$ とおき,さらに $\dfrac{a}{\tau} = \lambda$ $(a > 0)$ とおくと,

$$\int_0^\infty e^{-(\tau - a/\tau)^2}d\tau = \int_0^\infty \dfrac{a}{\lambda^2}e^{-(\lambda - a/\lambda)^2}d\lambda$$

$$\therefore\ 2\int_0^\infty e^{-(\tau - a/\tau)^2}d\tau = \int_0^\infty e^{-(\tau - a/\tau)^2}d\tau + \int_0^\infty e^{-(\tau - a/\tau)^2}d\tau$$

$$= \int_0^\infty e^{-(\lambda - a/\lambda)^2}d\lambda + \int_0^\infty \dfrac{a}{\lambda^2}e^{-(\lambda - a/\lambda)^2}d\lambda$$

$$= \int_0^\infty \left(1 + \dfrac{a}{\lambda^2}\right)e^{-(\tau - a/\lambda)^2}d\lambda \quad \left(\lambda - \dfrac{a}{\lambda} = \mu\ \text{とおく}\right)$$

$$= \int_{-\infty}^\infty e^{-\mu^2}d\mu = \sqrt{\pi} \quad \left(\Rightarrow\ \text{『基本微分積分』}\atop (サイエンス社)\ \text{p.203}\right)$$

ゆえに

$$L\left(\dfrac{1}{\sqrt{\pi t}}e^{-k^2/4t}\right) = \dfrac{2}{\sqrt{\pi s}}e^{-k\sqrt{s}}\dfrac{\sqrt{\pi}}{2} = \dfrac{1}{\sqrt{s}}e^{-k\sqrt{s}}$$

が示された. 次に

$$L\left(\dfrac{x}{2\sqrt{\pi k^2 t^3}}e^{-x^2/4k^2 t}\right) = e^{-x\sqrt{s}/k}$$

を示そう. 上記結果で k の代わりに $\dfrac{x}{k}$ を代入すると,

$$L\left(\dfrac{1}{\sqrt{\pi t}}e^{-x^2/4k^2 t}\right) = \dfrac{1}{\sqrt{s}}e^{-x\sqrt{s}/k}$$

を得る. 像の積分法則 (VIII) (⇨ p.112) により,

$$L\left(\dfrac{1}{\sqrt{\pi t^3}}e^{-x^2/4k^2 t}\right) = \int_s^\infty \dfrac{1}{\sqrt{\sigma}}e^{-x\sqrt{\sigma}/k}d\sigma = \dfrac{2k}{x}e^{-x\sqrt{s}/k}$$

この両辺を $\dfrac{2k}{x}$ で割ると,求める結果が得られる.

ラプラス変換表　$(a, b$ は定数，$n = 1, 2, \cdots)$

$f(x)$	$F(s)$	$f(x)$	$F(s)$
$u(x)$	$\dfrac{1}{s}$　$(s > 0)$	$e^{ax} \cosh bx$	$\dfrac{s-a}{(s-a)^2 - b^2}$
x^n	$\dfrac{n!}{s^{n+1}}$　$(s > 0)$	$e^{ax} \sinh bx$	$\dfrac{b}{(s-a)^2 - b^2}$
e^{ax}	$\dfrac{1}{s-a}$　$(s > a)$	$e^{ax} \cos bx$	$\dfrac{s-a}{(s-a)^2 + b^2}$
$x^n e^{ax}$	$\dfrac{n!}{(s-a)^{n+1}}$	$e^{ax} \sin bx$	$\dfrac{b}{(s-a)^2 + b^2}$
$\cos ax$	$\dfrac{s}{s^2 + a^2}$　$(s > 0)$	$\dfrac{1}{2a} x \sin ax$	$\dfrac{s}{(s^2 + a^2)^2}$　$(a \neq 0)$
$\sin ax$	$\dfrac{a}{s^2 + a^2}$　$(s > 0)$	$\dfrac{1}{2b} x e^{ax} \sin bx$	$\dfrac{s-a}{\{(s-a)^2 + b^2\}^2}$　$(b \neq 0)$
$\cosh ax$	$\dfrac{s}{s^2 - a^2}$　$(s > |a|)$	$\dfrac{1}{2a^3}(\sin ax - ax \cos ax)$	$\dfrac{1}{(s^2 + a^2)^2}$　$(a \neq 0)$
$\sinh ax$	$\dfrac{a}{s^2 - a^2}$　$(s > |a|)$	$\dfrac{e^{ax}}{2b^3}(\sin bx - bx \cos bx)$	$\dfrac{1}{\{(s-a)^2 + b^2\}^2}$　$(b \neq 0)$

研　　究

ラプラス変換の基本法則群

(1) $L(af + bg) = aL(f) + bL(g)$

(2) $L\{f(ax)\} = \dfrac{1}{a} F\left(\dfrac{s}{a}\right)$ $\quad (a > 0)$

(3) $L\{e^{ax} f(x)\} = F(s - a)$

(4) $L(f'(x)) = sF(s) - f(0)$ $\quad (e^{-sx} f(x) \to 0 \ (x \to \infty))$

(5) $L(f^{(n)}(x)) = s^n F(s) - f(0) s^{n-1} - f'(0) s^{n-2} - \cdots - f^{(n-1)}(0)$

$\quad\quad\quad\quad\quad\quad\quad\quad\quad\quad (e^{-sx} f^{(k)}(x) \to 0 \ (x \to \infty)), \ (n = 1, 2, \cdots)$

(6) $L\left(\displaystyle\int_0^x f(u) du\right) = \dfrac{1}{s} F(s)$ $\quad \left(e^{-sx} \displaystyle\int_0^x f(u) du \to 0 \ (x \to \infty)\right)$

(7) $L\{xf(x)\} = -\dfrac{d}{ds} F(s)$

(8) $L\left(\dfrac{f(x)}{x}\right) = \displaystyle\int_s^\infty F(s) ds$ $\quad \left(\displaystyle\lim_{x \to 0} \dfrac{f(x)}{x} \text{ が存在する}\right)$

(9) $L\{f(x - \alpha) u(x - \alpha)\} = e^{-\alpha s} F(s)$ $\quad (u(x) \text{ はヘビサイドの関数})$

問の解答（第8章）

問 8.1 (1) $\dfrac{1}{s}$ (2) $\dfrac{1}{s+3}$ (3) $\dfrac{1}{s-2}$ (4) $\dfrac{2}{s^3}$ (5) $\dfrac{1}{s^2}$

問 8.2 (1) $\dfrac{\pi}{s^2+\pi^2}$ (2) $\dfrac{9s}{9s^2+1}$

問 8.3 (1) $\dfrac{s}{s^2-9}$ (2) $\dfrac{3}{9s^2-1}$

問 8.4 (1) 省略

問 8.5 (1) $\dfrac{2}{s^3} - 3\dfrac{4!}{s^5} + \dfrac{2}{s}$ (2) $\dfrac{1}{s-3} - \dfrac{1}{s+1}$ (3) $\dfrac{6}{s^2+9} + \dfrac{4s}{s^2+4}$

(4) $\dfrac{\sqrt{3}\,s - 2}{2(s^2+4)}$ (5) $\dfrac{s+3}{\sqrt{2}(s^2+9)}$ (6) $e^{-\pi s/6}\dfrac{s}{s^2+1}$

問 8.6 (1) $\dfrac{s+2}{(s+2)^2+9}$ (2) $\dfrac{2}{(s-3)^2-4}$ (3) $\dfrac{1}{(s+2)^2}$ (4) $\dfrac{2}{(s-3)^3}$

問 8.7 $(s^2+4s-5)L(y) - 2s - 9$

問 8.8 (1) $\dfrac{s^2-a^2}{(s^2+a^2)^2}$ (2) $\dfrac{2as}{(s^2+a^2)^2}$ (3) $\dfrac{6s^2-2}{(s^2+1)^3}$

問 8.9 (1) $\dfrac{1}{s(s-2)^2}$ (2) $\dfrac{2u}{(s^2+u^2)^2}$

問 8.10 $f(x) = (x-1)(x-2)\{u(x-1) - u(x-2)\}$
$= \{(x-1)^2 - (x-1)\}u(x-1) - \{(x-2)^2 + (x-2)\}u(x-2)$
($u(x)$ はヘビサイドの関数)

$L(f) = \left(\dfrac{2}{s^3} - \dfrac{1}{s^2}\right)e^{-s} - \left(\dfrac{2}{s^3} + \dfrac{1}{s^2}\right)e^{-2s}$

問 8.11 (1) $2u(x) - 3x$ ($u(x)$ はヘビサイドの関数)

(2) $\dfrac{3}{2}e^{-2x}$ (3) $e^{2x} - e^x$

(4) $\dfrac{s+6}{s^2+3s} = \dfrac{2}{s} - \dfrac{1}{s+3}$ と部分分数に分解する.

(⇨ 『基本微分積分』(サイエンス社) p.88, 89) $2 - e^{-3x}$

(5) $\dfrac{s}{(s^2-1)^2} = \dfrac{1}{4}\left\{\dfrac{1}{(s-1)^2} - \dfrac{1}{(s+1)^2}\right\}$ と部分分数に分解する.

(⇨ 『基本微分積分』(サイエンス社) p.88, 89) $\dfrac{1}{4}x(e^x - e^{-x})$

(6) $\sinh 3x$ (7) $\dfrac{2}{\sqrt{5}}\sin\sqrt{5}\,x$ (8) $\cos 2x$ (9) e^{-2x}

(10) e^{2x} (11) x

(12) 1 でもよいし, $u(x)$ でもよい. ($u(x)$ はヘビサイドの関数)

問 **8.12** $\dfrac{1}{2a^3}(ax\cosh ax - \sinh ax)$

問 **8.13** (1), (2) とも p.112 の (VII) を用いる．

(1) $-xf(x) = L^{-1}\left(\dfrac{d}{ds}\log\dfrac{s+1}{s-1}\right) = L^{-1}\left(\dfrac{1}{s+1} - \dfrac{1}{s-1}\right) = e^{-x} - e^x$

$f(x) = \dfrac{1}{x}(e^x - e^{-x})$

(2) $-xf(x) = L^{-1}\left(\dfrac{d}{ds}\log\dfrac{s^2+1}{s(s+1)}\right) = L^{-1}\left\{\dfrac{d}{ds}(\log(s^2+1) - \log s - \log(s+1))\right\}$

$= L^{-1}\left(\dfrac{2s}{s^2+1} - \dfrac{1}{s} - \dfrac{1}{s+1}\right) = 2\cos x - u(x) - e^{-x}$

$f(x) = \dfrac{1}{x}\left(-2\cos x + u(x) + e^{-x}\right)$ ($u(x)$ はヘビサイドの関数)

問 **8.14** (1) $f(x) * g(x) = x^2 - 2x + 2e^x - 2$

(2) $f(x) * g(x) = \dfrac{1}{2}xe^{ax}\sin bx$

問 **8.15** (1) $F(s)$ を部分分数に分解する．(⇨『基本微分積分』(サイエンス社) p.88, 89)

$$\dfrac{1}{s^2(s-a)} = \left(-\dfrac{1}{a}\right)\dfrac{1}{s^2} + \left(-\dfrac{1}{a^2}\right)\dfrac{1}{s} + \left(\dfrac{1}{a^2}\right)\dfrac{1}{s-a}$$

$$L^{-1}\left(\dfrac{1}{s^2(s-a)}\right) = -\dfrac{1}{a}x - \dfrac{1}{a^2}\cdot 1 + \dfrac{1}{a^2}e^{ax}$$

(2) $L^{-1}\left(\dfrac{1}{s^2}\right) = x$, $L^{-1}\left(\dfrac{1}{s-a}\right) = e^{ax}$ から

$$L^{-1}\left(\dfrac{1}{s^2}\dfrac{1}{s-a}\right) = x * e^{ax} = \int_0^a (x-t)e^{at}dt = -\dfrac{1}{a}x + \dfrac{1}{a^2}(e^{ax} - 1)$$

問 **8.16** (1) 両辺のラプラス変換をとる．

$$L(y''') + L(y') = 2L(e^{-x}), \quad L(y)(s^3 + s) = \dfrac{2}{s+1} + s - 2$$

$$L(y) = \dfrac{s-1}{(s^2+1)(s+1)} = \dfrac{s}{s^2+1} - \dfrac{1}{s+1} \quad (部分分数に分解する)$$

$$y = \cos x - e^{-x}$$

(2) 両辺のラプラス変換をとる．

$$L(y'') + 2L(y') + L(y) = \dfrac{1}{s+1}, \quad L(y) = \dfrac{1}{(s+1)^3} + \dfrac{1}{(s+1)^2}$$

$$y = \dfrac{1}{2}x^2 e^{-x} + xe^{-x}$$

(3) 両辺のラプラス変換をとる．

$$L(y'') + 4L(y') + 13L(y) = \dfrac{2}{s+1}, \quad (s^2 + 4s + 13)L(y) = \dfrac{2}{s+1} + 1$$

部分分数に分解して，整理すると

$$L(y) = \frac{1}{5}\left(\frac{1}{s+1} - \frac{s+2}{(s+2)^2+3^2} + \frac{4}{(s+2)^2+3^2}\right)$$
$$y = \frac{1}{5}\left(e^{-x} - e^{-2x}\cos 3x + \frac{4}{3}e^{-2x}\sin 3x\right)$$

問 8.17 両辺のラプラス変換をとって整理すると,
$$L(y) = \frac{s}{(s+1)(s+2)} + \frac{2e^{-s}}{(s+1)(s+2)} - \frac{2e^{-2s}}{(s+1)(s+2)}$$
となる.ここで逆変換をとると,
$$y = 2e^{-2x} - e^{-x} + 2(e^{-(x-1)} - e^{-2(x-1)})u(x-1) - 2(e^{-(x-2)} - e^{-2(x-2)})u(x-2)$$
$$(u(x)\text{ はヘビサイドの関数})$$

演習問題解答(第 8 章)

演習 8.1 $L(f) = \sum_{n=0}^{\infty}\int_{n}^{n+1} e^{-sx}(-1)^n dx = \frac{1-e^{-s}}{s}\sum_{n=0}^{\infty}(-e^{-s})^n = \frac{1-e^{-s}}{s(1+e^{-s})}$ $(s>0)$

演習 8.2 (1) p.115 の例題 8.6 (2) を用いる.$\frac{e^{-2s}}{s^2+1}$ $(s>0)$

(2) p.112 の (VIII) を用いる.$\frac{\pi}{2} - \tan^{-1}\frac{s}{k}$ $(s>0)$

演習 8.3 ①, ② のそれぞれの両辺のラプラス変換を考える.
$$sL(x) - x(0) + 2L(y) = \frac{s}{s^2+1} \qquad ③$$
$$L(x) - \{sL(y) - y(0)\} = \frac{1}{s^2+1} \qquad ④$$
③, ④ に初期条件を代入すると,
$$sL(x) + 2L(y) = \frac{s}{s^2+1} + 1 \qquad ⑤$$
$$L(x) - sL(y) = \frac{1}{s^2+1} + \sqrt{2} \qquad ⑥$$
⑤, ⑥ より $L(y)$ を消去すると,
$$L(x) = \frac{1}{s^2+1} + \frac{s}{s^2+2} + \frac{2\sqrt{2}}{s^2+2}$$
ここで逆ラプラス変換をとると, $x = \sin t + \cos\sqrt{2}t + 2\sin\sqrt{2}t$
次に⑤, ⑥ より $L(x)$ を消去すると,
$$L(y) = \frac{1}{s^2+2} - \frac{\sqrt{2}s}{s^2+2}$$
ここで逆ラプラス変換をとると, $y = \frac{1}{\sqrt{2}}\sin\sqrt{2}t - \sqrt{2}\cos\sqrt{2}t$

索　引

あ　行

一次従属　35
一次独立　35
1階線形微分方程式　12
1階偏微分方程式　62
一般解　4, 62, 68, 72

運動方程式　124

オイラーの公式　51
オイラーの微分方程式　31

か　行

解　4, 62, 88
階数　2
角振動数　124
重ね合わせの原理　88, 90
完全解　62
完全微分方程式　12, 56

奇関数　84
基本解　20, 35
逆演算子　40
逆フーリエ変換　86
逆ラプラス変換　116
逆ラプラス変換の線形法則　116
境界条件　4, 88
極座標系　14
極接線影　14
極法線影　14

偶関数　84
区分的に滑らかな関数　82
区分的に連続な関数　82, 108

クレロー型の偏微分方程式　68
原関数　108
原点　14
高階の微分法則　112, 114
広義のリッカティの微分方程式　17
合成積　116
コーシー問題　88, 92, 93, 95

さ　行

始線　14
準線形偏微分方程式　68
消去法　48
常微分方程式　2
初期条件　4, 88
振幅　124

ストークスの波動公式　88, 97

積分因子　13
積分可能　56
積分法則　112, 114
接線　14
接線影　14
絶対可積分　86
線形　20
線形法則　112
全微分　2
全微分方程式　2, 56

像関数　108
相似法則　112, 113
像の移動法則　112, 113
像の積分法則　112, 115
像の微分法則　112, 114

た 行

第 1 種ベッセル関数　30
たたみこみ　116
単振動　124

長方形に関するディリクレ問題　93, 100
長方形領域に関するディリクレ問題　96
調和関数　93
直交座標系　14
直交曲線群　18

定数係数の 2 階線形同次偏微分方程式　74
定数係数の 2 階線形非同次偏微分方程式　74
定数係数の 2 階線形偏微分方程式　74
定数係数の 2 階同次線形微分方程式　22
定数係数の非同次線形微分方程式　22
定数係数の連立微分方程式　48
定数変化法　13, 22, 25

動径　14
同次形　8
同次線形微分方程式　12, 20
同次方程式　35
同伴な同次方程式　20
同伴な方程式　12, 35
解く　4, 62
特異解　4, 62
特殊解　4
特性解　22
特性方程式　22

な 行

2 階線形微分方程式　20
2 階線形偏微分方程式　72
熱伝導方程式　93

は 行

波動方程式　88
波動方程式の初期値・境界値問題　90

微分演算子　38
微分法則　112, 113
微分方程式　2
標準形　32

フーリエ級数　82, 84
フーリエ係数　82, 90
フーリエ正弦級数　84
フーリエ積分　86
フーリエ展開　82
フーリエの重積分公式　86
フーリエ変換　86
フーリエ余弦級数　84

ベッセル関数　30
ベッセルの微分方程式　30
ヘビサイドの関数　108
ベルヌーイの微分方程式　17
偏角　14
変数分離形　8, 68
変数分離法　89
偏微分方程式　2, 62

法線　14
法線影　14
補助方程式　68

ま 行

未定係数法　22

や 行

余関数　20, 74

索　引

ら　行

ラグランジュの偏微分方程式　68
ラプラス変換　108

ルジャンドルの多項式　30
ルジャンドルの微分方程式　30

連立微分方程式　2, 58

ロンスキーの行列式　20, 35

欧　字

n 階線形微分方程式　35

著者略歴

寺 田 文 行
　てら　だ　ふみ　ゆき

1948 年　東北帝国大学理学部数学科卒業
現　在　早稲田大学名誉教授

坂 田　　洸
　さか　た　　ひろし

1957 年　東北大学大学院理学研究科数学専攻 (修士課程) 修了
現　在　岡山大学名誉教授

ライブラリ基本例解テキスト=3

基本例解テキスト 微分方程式

2007 年 6 月 10 日 ⓒ　　　　　　初　版　発　行

著　者　寺田文行　　　　発行者　森平勇三
　　　　坂田　洸　　　　印刷者　篠倉正信
　　　　　　　　　　　　製本者　小高祥弘

発行所　　株式会社　サ イ エ ン ス 社

〒151-0051　東京都渋谷区千駄ヶ谷1丁目3番25号
営業 ☎ (03) 5474-8500 (代) 振替 00170-7-2387
編集 ☎ (03) 5474-8600 (代)
FAX ☎ (03) 5474-8900

印刷　(株) ディグ　　　製本　小高製本工業 (株)

《検印省略》

本書の内容を無断で複写複製することは、著作者および
出版者の権利を侵害することがありますので、その場合
にはあらかじめ小社あて許諾をお求め下さい。

ISBN978-4-7819-1169-4
PRINTED IN JAPAN

サイエンス社のホームページのご案内
http://www.saiensu.co.jp
ご意見・ご要望は
rikei@saiensu.co.jp　まで．

ラプラス変換表 (a, b は定数, $n = 1, 2, \cdots$)

$f(x)$	$F(s)$	$f(x)$	$F(s)$
$u(x)$	$\dfrac{1}{s}$ $(s > 0)$	$e^{ax} \cosh bx$	$\dfrac{s-a}{(s-a)^2 - b^2}$
x^n	$\dfrac{n!}{s^{n+1}}$ $(s > 0)$	$e^{ax} \sinh bx$	$\dfrac{b}{(s-a)^2 - b^2}$
e^{ax}	$\dfrac{1}{s-a}$ $(s > a)$	$e^{ax} \cos bx$	$\dfrac{s-a}{(s-a)^2 + b^2}$
$x^n e^{ax}$	$\dfrac{n!}{(s-a)^{n+1}}$	$e^{ax} \sin bx$	$\dfrac{b}{(s-a)^2 + b^2}$
$\cos ax$	$\dfrac{s}{s^2 + a^2}$ $(s > 0)$	$\dfrac{1}{2a} x \sin ax$	$\dfrac{s}{(s^2 + a^2)^2}$ $(a \neq 0)$
$\sin ax$	$\dfrac{a}{s^2 + a^2}$ $(s > 0)$	$\dfrac{1}{2b} x e^{ax} \sin bx$	$\dfrac{s-a}{\{(s-a)^2 + b^2\}^2}$ $(b \neq 0)$
$\cosh ax$	$\dfrac{s}{s^2 - a^2}$ $(s > |a|)$	$\dfrac{1}{2a^3}(\sin ax - ax \cos ax)$	$\dfrac{1}{(s^2 + a^2)^2}$ $(a \neq 0)$
$\sinh ax$	$\dfrac{a}{s^2 - a^2}$ $(s > |a|)$	$\dfrac{e^{ax}}{2b^3}(\sin bx - bx \cos bx)$	$\dfrac{1}{\{(s-a)^2 + b^2\}^2}$ $(b \neq 0)$